ISSN 0371 - 327X

SITZUNGSBERICHTE DER SÄCHSISCHEN AKADEMIE
DER WISSENSCHAFTEN ZU LEIPZIG

Mathematisch-naturwissenschaftliche Klasse
Band 116 · Heft 4

JÁN BENETIN

MATHEMATISCHES MODELL FÜR DAS WACHSTUM VON LANDWIRTSCHAFTLICHEN KULTUREN UND SEINE VERWERTUNG IN DER QUANTITATIVEN BEURTEILUNG DES BEWÄSSERUNGSEFFEKTES AUF DIE STEIGERUNG DER ERNTEERTRÄGE

AKADEMIE-VERLAG · BERLIN
1983

SITZUNGSBERICHTE DER SÄCHSISCHEN AKADEMIE DER WISSENSCHAFTEN ZU LEIPZIG

MATHEMATISCH-NATURWISSENSCHAFTLICHE KLASSE

Band 109

Heft 1 Prof. ERICH RAMMLER, Über die Theorien der Braunkohlenbrikettentstehung
1970. 38 Seiten – 13 Abb., davon 2 auf 2 Tafeln – 8° – **M 4.–**

Heft 2 Prof. Dr. WOLFGANG TUTSCHKE, Stammfunktionen komplexwertiger Funktionen
1970. 20 Seiten – 8° – **M 3,70**

Heft 3 Dr. habil. GÜNTHER EISENREICH, Zur Syzgientheorie und Theorie des inversen Systems perfekter Ideale und Vektormodule in Polynomringen und Stellenringen 1970. 88 Seiten – 8° – **M 10,80**

Heft 4 Prof. Dr. med. ROLF EMMRICH, Hochdruck und Hyperlipidämie (Hypercholesterinämie) als Risikofaktoren für die Entstehung der Arteriosklerosen
1971. 23 – Seiten – 10 Abbildungen – 4 Tabellen – 8° – **M 3,90**

Heft 5 Prof. Dr. HANS DRISCHEL, Biologische Rhythmen
1972. 57 Seiten – 31 Abbildungen – 1 Tabelle – 8° – **M 6,60**

Heft 6 Prof. Dr.-Ing. Dr. h. c. KURT SCHWABE, Konzentrierte Elektrolytlösungen – Thermodynamische und kinetische Eigenschaften 1972. 49 Seiten – 27 Abbildungen – 2 Tabellen – 8° – **M 7,50**

Heft 7 Prof. Dr. WOLFGANG TUTSCHKE, Konstruktion von globalen Lösungen mit vorgeschriebenen Singularitäten bei partiellen komplexen Differentialgleichungssystemen 1972. 24 Seiten – 8° – **M 4,50**

Band 110

Heft 1 Prof. Dr. h. c. PAUL GÖRLICH, Über die Laser und ihre Anwendung
1972. 24 Seiten – 8° – **M 2,30**

Heft 2 Prof. Dr. HASSO ESSBACH, Zum Problem der Tumoren im Kindesalter
1972. 24 Seiten – 11 Abbildungen auf 10 Kunstdrucktafeln – 8° – **M 6,–**

Heft 3 Prof. Dr. med. WALTER BREDNOW, Zur Anthropologie des Schwindels
1973. 17 Seiten – 2 Abbildungen auf 2 Kunstdrucktafeln – 8° – **M 2,50**

Heft 4 Prof. Dr. h. c. PAUL GÖRLICH, Betrachtungen über den Wissenschaftlichen Gerätebau
1972. 39 Seiten – 8° – **M 3,–**

Heft 5 Prof. Dr. ERICH RAMMLER, Einige Betrachtungen über Erdgas
1974. 43 Seiten – 8 Abbildungen – 3 Tabellen – 8° – **M 4,50**

Heft 6 Prof. Dr. GUSTAV E. R. SCHULZE, Zur Rolle des Einfachheitsprinzips im physikalischen Weltbild
1974. 23 Seiten – 4 Abbildungen – 8° – **M 2,50**

Heft 7 Prof. Dr. med. ROLF EMMRICH, Zwischen Leben und Tod. Ärztliche Probleme der Thanatologie
1974. 22 Seiten – 2 Abbildungen – 4 Tabellen – 8° – **M 3,50**

Band 111

Heft 1 Prof. Dr. WILHELM MAIER, Vom Erbe Bernhard Riemanns 1975. 16 Seiten – 8° – **M 2,50**

Heft 2 Prof. Dr. med. HANS DRISCHEL, Organismus und geophysikalische Umwelt
1975. 50 Seiten – 25 Abbildungen – 1 Tabelle – 8° – **M 7,–**

Heft 3 Prof. Dr. MARIA HASSE, Zum Begriff des allgemeinen Produkts von Kategorien
1975. 32 Seiten – 8° – **M 5,–**

ISSN 0371-327X

SITZUNGSBERICHTE DER SÄCHSISCHEN AKADEMIE DER WISSENSCHAFTEN ZU LEIPZIG

Mathematisch-naturwissenschaftliche Klasse
Band 116 · Heft 4

JÁN BENETIN

MATHEMATISCHES MODELL FÜR DAS WACHSTUM VON LANDWIRTSCHAFTLICHEN KULTUREN UND SEINE VERWERTUNG IN DER QUANTITATIVEN BEURTEILUNG DES BEWÄSSERUNGSEFFEKTES AUF DIE STEIGERUNG DER ERNTEERTRÄGE

Mit 18 Abbildungen und 3 Tabellen

AKADEMIE-VERLAG · BERLIN

1983

Vorgetragen in der Sitzung am 6. März 1981
Manuskript eingeliefert am 7. August 1981
Druckfertig erklärt am 11. Mai 1983

Erschienen im Akademie-Verlag, DDR-1086 Berlin, Leipziger Straße 3–4

Lizenznummmer: 202 · 100/503/83
Printed in the German Democratic Republic
Gesamtherstellung: VEB Druckhaus „Maxim Gorki", 7400 Altenburg
LSV 4045
Bestellnummer: 763 219 5 (2027/116/4)
DDR 6,– M

Einleitung

Bei den meist verwendeten Auswertungsmethoden des Effektes der Bewässerung auf die Steigerung der Ernteerträge wird der Einfluß des Bodenwassermangels auf das Wachstum und die Entwicklung der angebauten Kulturen meistens nur selbständig untersucht, ohne hierbei die gleichzeitige Zusammenwirkung anderer Vegetationsfaktoren, welche ein Bestandteil (Element) des Produktionssystems der Pflanzenbestände sind, in Erwägung zu ziehen. Diese ungenügende quantitative Auswertung des Anteiles der Bewässerungswirkung auf das Wachstum der Kulturen und somit auch auf die Steigerung des Ernteertrages wird auch nicht bei der Auswertung der polyfaktoriellen Feldversuche mittels der Methode der vielfachen Korrelationsanalyse ganz abgeschafft, da bei ihr eine lineare Abhängigkeit des Ernteertrages von den Vegetationsfaktoren angenommen wird. Die Anwendung der vielfachen nichtlinearen Korrelation ist ziemlich kompliziert und setzt die Kenntnis der mathematischen Ableitungen der nichtlinearen Abhängigkeiten voraus, was auch teilweise das Thema dieser Arbeit sein wird.

Die mathematischen Modelle der Ermittlung der Ernteerträge bieten die Möglichkeit, das Zusammenwirken der Vegetationsfaktoren beim Wachstum der Pflanzen festzustellen. Es ist dabei klar, daß die komplizierten abiotischen und biotischen Prozesse im Produktionssystem der Pflanzen und deren zeitliche Dynamik den Charakter und die Kompliziertheit der mathematischen Modelle der Ernten bestimmen (POLUEKTOV et al., 1979). Bei der Lösung der praktischen Aufgaben kann mit Erfolg nur ein solches Modell verwendet werden, welches die biologischen Gesetze des Wachstums und der Entwicklungen der Kulturen voll berücksichtigt und welches die Grenzen der Berechnungstechnik und die Möglichkeiten der Verarbeitung der Eingangsdaten nicht überschreitet. Es werden deshalb zum Beispiel einfachere Methoden für die Programmierung der Ernten in Abhängigkeit von der Bodenwasserversorgung der Pflanzen empfohlen (PENMANN, 1971; FEDDES, KOWALIK, ZARADNY, 1978; IDSO, JACKSON, REGINATO, 1977; NERPIN, ŽUKOVSKIJ, KUZNECOV, MUŠKIN, CHLOPOTENKOV, 1979; KOWALIK, SANESI, 1980).

Bei diesen Methoden wird die Abhängigkeit der Ernte von den Vegetationsfaktoren mit empirischen Gleichungen des linearen, logarithmischen, hyperbolischen oder parabolischen Typs ermittelt (MITSCHERLICH, 1956; BOGUSLAWSKI, 1958; ULRICH, 1961; FEDDES, KOWALIK, ZARADNY, 1978). Die Gleichungen des linearen Typs werden zum Beispiel zur Feststellung der Abhängigkeit der Intensität der Photosynthese von der Evapotranspiration verwendet. Die Gleichungen des parabolischen Typs verwendet man oft bei der Ermittlung der Abhängigkeit der Ernteerträge vom Wassergehalt im Boden. Das Zusammenwirken der Vegetationsfaktoren mit dem Bodenwassergehalt wird meistens durch die einfache Multiplikation der partiellen Wirkungen ermittelt (IDSO, JACKSON, REGINATO, 1977; FEDDES, KOWALIK, ZARADNY, 1978). Die Möglichkeit der Anwendung der parabolischen Gleichungen ist aber durch den optimalen Wert des untersuchten Vegetationsfaktors begrenzt, was auch ein Nachteil der linearen Abhängigkeiten ist, die außerdem im Falle einer größeren Veränderungsspanne des Vegetationsfaktors den notwendigen Einklang mit der Realität nicht nachweislich erbringen.

Das Zusammenwirken des Bodenwassers mit den anderen Faktoren, ausgedrückt durch die einfache Multiplikation der Teilwirkungen, befindet sich auch nicht in Übereinstimmung mit der tatsächlichen Bedeutung des Einflusses der einzelnen Vegetationsfaktoren im Produktionssystem der Pflanzen.

Die abgeleitete partielle Produktionsgleichung ermittelt die Abhängigkeit der Ernte von den abiotischen und biotischen Hauptfaktoren des Produktionssystems der Pflanzen und ist für den ganzen Bereich der möglichen Wirkung dieser Faktoren brauchbar. Solche partiellen Produktionsgleichungen in Verbindung mit der Ermittlung des Zusammenwirkens der Vegetationsfaktoren ermöglichen auf Grund ihres Bedeutungsgrades im Produktionssystem der Pflanzen eine genauere Feststellung des Anteils der untersuchten Faktoren am erzielten Ernteertrag.

Theoretische Analyse

Bei der Ableitung einer allgemeinen Form der partiellen Produktionsgleichung wird als Tatsache in Erwägung gezogen, daß die Hauptfaktoren (Elemente) des Produktionssystems der Pflanzen einen ambigiösen (zweiseitigen) Charakter haben. Diese Eigenschaft der Elemente des Pflanzenproduktionssystems beruht darin, daß die Steigerung ihres positiven Einflusses im Produktionssystem der Pflanzen die Formung von Bedingungen für ihre negative Wirkung im System zur Folge hat; das heißt also, wenn der optimale Wert des Einflusses (der Konzentration oder Intensität) des Elementes im Produktionssystem überschritten wird, dann beginnt sich dieser negative Einfluß in ausgeprägter Form geltend zu machen und verursacht dann bei einem kritischen Wert das Erlöschen der Funktion des Produktionssystems der Pflanzen.

Infolge des ambigiösen Charakters der Elemente des Pflanzenproduktionssystems hat der Verlauf der partiellen Produktionsgleichungen in Abhängigkeit von der Anwesenheit oder Intensität der Wirkung drei charakteristische Grenzbedingungen, und zwar wie folgt:

1. — Anfangswert der Wirkung des Elements im System, bei welchem sein positiver Einfluß im System zu wirken beginnt,
2. — Optimalwert, d. h. ein Stadium, bei welchem das untersuchte Element den optimalen oder maximalen Wert erreicht unter der Voraussetzung, daß auch die übrigen Elemente ihren optimalen Wert erreicht haben,
3. — Maximaler (kritischer) Wert, bei welchem der negative Einfluß des untersuchten Elements das Erlöschen der Funktion des Systems verursacht.

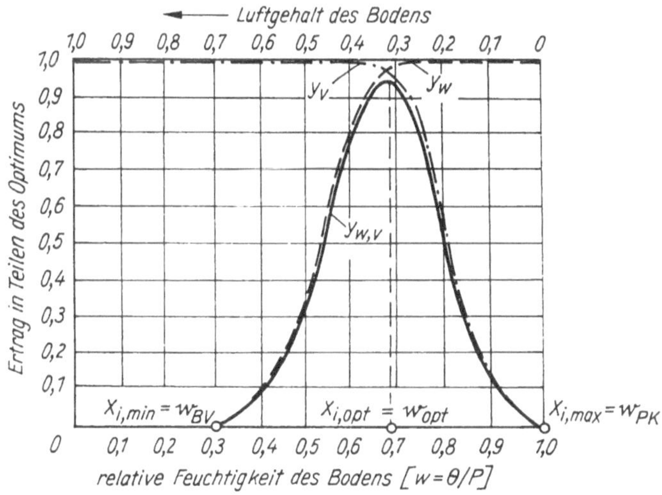

Abb. 1. Allgemeine Abhängigkeit des Ertrages vom Wassergehalt im Boden mit guten hydrophysikalischen Eigenschaften

Der ambigiöse Charakter der Elemente des Produktionssystems ergibt sich entweder direkt aus seiner physikalischen Substanz, und dann sprechen wir von einer inherenten Ambiguität (Zweiseitigkeit), oder er ist dadurch bedingt, daß die Anwesenheit eines Elements im System die Anwesenheit eines anderen Elements einschränkt. In einem solchen Falle sprechen wir dann von der kausalen Ambiguität.

Der Wassergehalt im Boden ist ein anschauliches Beispiel der kausalen Ambiguität eines Elements des Pflanzenproduktionssystems. Die Abbildung 1 illustriert den Verlauf des Einflusses des Wassergehaltes im Boden mit guten hydrophysikalischen Eigenschaften auf die Ernte unter der Voraussetzung, daß die anderen Elemente des Systems ihren optimalen Wert erreicht haben. Wie bekannt, wachsen die Pflanzen nur bei einer höheren Feuchtigkeit des Bodens im Vergleich zum Welkpunkt (w_{BV}). Den positiven Einfluß der Steigerung des Bodenwassergehaltes zeigt die Kurve y_w. Zugleich mit der Steigerung des Bodenwassergehaltes sinkt aber der Grad der Bodendurchlüftung, deren Einfluß auf die Ernte die Kurve y_v zeigt.

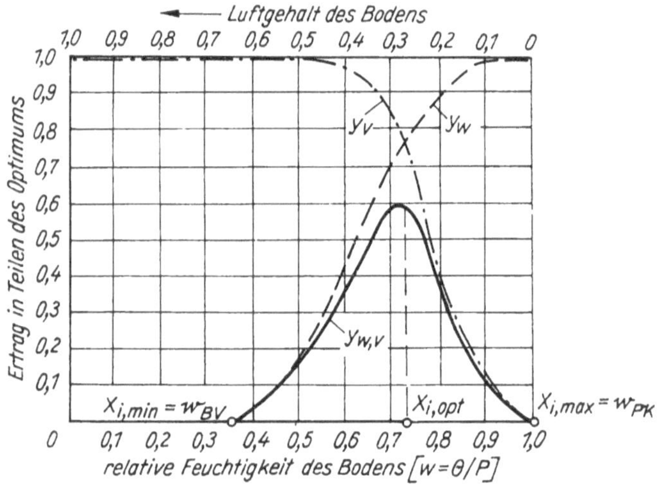

Abb. 2. Allgemeine Abhängigkeit des Ertrages vom Wassergehalt im Boden mit ungünstigen hydrophysikalischen Eigenschaften

Der resultierende Einfluß des Wassergehaltes im Boden entspricht der Multiplikativzahl der entsprechenden Ordinaten der Kurven y_w und y_v, d. h. der Kurve $y_{w,v}$, welche wir als die partielle Produktionskurve des Wassergehaltes im Boden definieren. Weiterhin bezeichnen wir den steigenden Teil der Kurve als den positiven und den sinkenden Teil der Kurve als den negativen Zweig. Der optimale Wassergehalt im Boden entspricht dem höchsten Punkt der Kurve. Die Abbildung 2 zeigt eine ähnliche Abhängigkeit für einen schweren Boden mit ungünstigen hydrophysikalischen Eigenschaften. In der deutschen Fachliteratur werden diese Beziehungen als Minimum-Optimum-Maximum-Kurven angegeben.

Einen ähnlichen Verlauf der Abhängigkeiten des Ernteertrages beobachten wir auch bei den Elementen mit einer inherenten Ambiguität (z. B. bei der Intensität der Sonnenstrahlung, der Lufttemperatur usw.). Es ist möglich, daß sich bei manchen Elementen der positive oder negative Zweig der Kurve praktisch bis auf eine Nullspanne der Veränderung des Elementes verengt. Dann fällt der eine oder der andere Zweig der partiellen Produktionskurve des untersuchten Elementes ab, z. B. hat die Wirkung der giftigen Stoffe im Boden oder in der Atmosphäre nur einen negativen Zweig.

Auf der Grundlage der beschriebenen Charakteristik der wichtigsten abiotischen und biotischen Faktoren des Produktionssystems der Pflanzen sind wir in der Lage, ein mathematisches Modell der partiellen Produktionskurve abzuleiten, und zwar wie folgt:

Im Einklang mit der Auffassung, daß die botanische Ernte ein Produkt der Umwandlung der Sonnenenergie in chemische Energie mit Hilfe der Photosynthese ist, kann die botanische Ernte einer beliebigen Pflanze als der Anteil der genutzten Sonnenenergie und des energetischen Äquivalentes der organischen Masse errechnet werden, d. h.

$$dY_i = \frac{q_r}{\gamma} \cdot Y_i \left(\frac{\partial \varepsilon_{ip}}{\partial X_i}\right) dX_i \cdot dt, \tag{1}$$

in welcher

Y_i — die botanische Ernte als Veränderliche abhängig vom Vegetationsfaktor X_i,

q_r — die Intensität der photosynthetisch wirksamen Sonnenstrahlung,

$\varepsilon_{i.p}$ — der Koeffizient der Ausnutzung der photosynthetisch wirksamen Sonnenstrahlung,

γ — das energetische Äquivalent der Biomasse (= 15072,5 – 17584,6 $J \cdot g^{-1}$),

t — die Zeit ist.

Die partielle Derivation $\partial \varepsilon_{ip}/\partial X_i$ soll die bekannte Erkenntnis des abnehmenden Ertragszuwachses mit zunehmender quantitativer Erhöhung der Vegetationsfaktoren ausdrücken. Die folgende hyperbolische Funktion entspricht dieser Anforderung:

$$\frac{\partial \varepsilon_{ip}}{\partial X_i} = \alpha_r \frac{X_{i\,\max} - X_{i\,\min}}{(X_i - X_{i\,\min})^2}, \qquad \text{wobei} \tag{2}$$

α_r — ein Parameter abhängig von der Pflanzenart und ihrem Entwicklungsstadium und

$X_{i,\max}$; $X_{i,\min}$ — der maximale und minimale Wert des Faktors X_i sind.

Dann kann die Gleichung (1) für genügend kurze Zeitintervalle (Δt) sukzessiv vom Anfang bis zum Ende der Vegetationsperiode gelöst werden. Für diese Zeitintervalle ist $q_r \cdot \Delta t$ gleich Q_r, d. h. der Menge des Zuflusses der photosynthetisch wirksamen Sonnenstrahlung während der Zeit Δt.

Nach dem Einsetzen der Gleichung (2) in die Gleichung (1) erhalten wir eine einfache Differentialgleichung:

$$dY_i = \alpha_r \frac{Q_r}{\gamma} \cdot Y_i \frac{X_{i\,\max} - X_{i\,\min}}{(X_i - X_{i\,\min})^2} dX_i \tag{3}$$

und nach der Integration

$$\ln Y_i = -\alpha_r \frac{Q_r}{\gamma} \frac{X_{i\,\max} - X_{i\,\min}}{X_i - X_{i\,\min}} + C, \tag{4}$$

oder

$$Y_i = \exp\left[-\alpha_r \frac{Q_r}{\gamma} \frac{X_{i\,\max} - X_{i\,\min}}{X_i - X_{i,\,\min}} + C\right]. \tag{5}$$

Aus der Grenzbedingung

$$X_i = X_{i\,\max}, \quad Y_i = Y_{i,\mathrm{opt}} \tag{6}$$

für die Integrationskonstante C ergibt sich

$$Y_{i\,\mathrm{opt}} = \frac{\varepsilon_{i\,\mathrm{opt}} \cdot Q_r}{\gamma} = e^{-\alpha_r \frac{Q_r}{\gamma} + C},$$

so daß

$$C = \alpha_r \frac{Q_r}{\gamma} + \ln \frac{\varepsilon_{i\,\mathrm{opt}} \cdot Q_r}{\gamma}, \tag{7}$$

in welcher

$\varepsilon_{i,\mathrm{opt}}$ — die optimale Ausnutzung der Sonnenenergie, d. h. der optimale Wert $\varepsilon_{i,\mathrm{p}}$ bedeutet.

Durch die Verbindung der Gleichung (5) mit der Gleichung (7) erhalten wir

$$Y_i = \frac{\varepsilon_{i\,\mathrm{opt}} \cdot Q_r}{\gamma} \cdot \exp\left(-\alpha_r \frac{Q_r}{\gamma} \frac{X_{i\,\max} - X_i}{X_i - X_{i\,\min}}\right) \tag{8}$$

und für den Wert der proportionellen Ernte

$$y_{ip} = \frac{Y_i}{Y_{i\,\mathrm{opt}}} = \frac{\varepsilon_{ip} \cdot Q_r \cdot \gamma}{\gamma \cdot Q_r \cdot \varepsilon_{i\,\mathrm{opt}}} = \frac{\varepsilon_{ip}}{\varepsilon_{i\,\mathrm{opt}}} = \exp\left(-\alpha_r \frac{Q_r}{\gamma} \frac{X_{i\,\max} - X_i}{X_i - X_{i\,\min}}\right), \tag{9}$$

oder

$$\varepsilon_{ip} = \varepsilon_{i\,\mathrm{opt}} \cdot \exp\left(-\alpha_r \frac{Q_r}{\gamma} \frac{X_{i\,\max} - X_i}{X_i - X_{i\,\min}}\right). \tag{10}$$

Die Gleichung (10) drückt den Verlauf des positiven Zweiges der partiellen Produktionskurve aus, und zwar in der Abhängigkeit von dem Faktor X_i.

Ähnlich können wir auch die Gleichung für den negativen Zweig $(y_{i,n})$ der Produktionskurve ableiten und bekommen

$$\varepsilon_{in} = \varepsilon_{i\,\mathrm{opt}} \cdot y_{in} = \varepsilon_{i\,\mathrm{opt}} \cdot \exp\left(-\beta_r \frac{Q_r}{\gamma} \frac{X_i - X_{i\,\mathrm{min}}}{X_{i\,\mathrm{max}}}\right), \tag{11}$$

in welcher

β_r — ein Parameter abhängig von der Pflanzenart und ihres Entwicklungsstadiums ist.

Die Endgleichung der Ausnutzung (ε_i) der photosynthetisch wirksamen Sonnenstrahlung in Abhängigkeit vom Faktor X_i gleicht der Multiplikativzahl der einander verdoppelten positiven und negativen Werte $y_{i,p}$ und $y_{i,n}$, d. h.

$$\varepsilon_i = \varepsilon_{i\,\mathrm{opt}} \cdot y_{ip} \cdot y_{in} = \varepsilon_{i\,\mathrm{opt}} \cdot \exp\left[-\frac{\alpha(X_{i\,\mathrm{max}} - X_i)^2 + \beta(X_i - X_{i\,\mathrm{min}})^2}{(X_i - X_{i\,\mathrm{min}})\,(X_{i\,\mathrm{max}} - X_i)}\right], \tag{12}$$

in welcher

$$\alpha = \alpha_r \frac{Q_r}{\gamma} \quad \text{und} \quad \beta = \beta_r \frac{Q_r}{\gamma} \quad \text{ist.}$$

Für den Wert des Faktors X_i, bei dem die optimale Ausnutzung der Sonnenstrahlung $(\varepsilon_{i,\mathrm{opt}})$ liegt, ergibt sich aus der Gleichung (12)

$$X_{i\,\mathrm{opt}} = \frac{\alpha \cdot X_{i\,\mathrm{max}} + \beta \cdot X_{i\,\mathrm{min}}}{\alpha + \beta}, \tag{13}$$

in welcher

$X_{i,\mathrm{opt}}$ — optimales X_i in Bezug zu $\varepsilon_{i,\mathrm{opt}}$ bedeutet.

Dann können wir für die Ermittlung des Wertes ε_i die annähernde Gleichung

$$\varepsilon_i = \varepsilon_{i\,\mathrm{opt}} \cdot \exp\left[-\frac{\vartheta(X_{i\,\mathrm{opt}} - X_i)^2}{(X_i - X_{i\,\mathrm{min}})\,(X_{i\,\mathrm{max}} - X_i)}\right] \quad \text{einsetzen}, \tag{14}$$

in welcher der Parameter ϑ eine ähnliche Bedeutung hat wie α und β in der Gleichung (12) und auch einen unterschiedlichen Wert für den steigenden und sinkenden Zweig der partiellen Produktionskurve haben kann.

Der Einfluß des Zusammenwirkens zwischen den Faktoren des Produktionssystems der Pflanzen charakterisiert die Tendenz, das Optimum gemäß den gegebenen Bedingungen zu erreichen. Einen besonders integrierenden Charakter in diesem System haben jene Faktoren, welche die physikalischen und physikochemischen Bedingungen bestimmen, z. B. die Lufttemperatur, die Sorptionseigenschaften des Bodens, der energetische Stand des Systems usw. Zu diesen gehört auch das Wasserregime des Bodens, weil das Wasser eine ausschlaggebende Komponente der physikalischen, chemischen und biochemischen Prozesse in diesem System ist.

Je mehr die Funktion irgendeines Faktors im Produktionssystem der Pflanzen integriert und intensiver ist, um so ausgeprägter ist ihr Einfluß auf die Ausnutzung der Sonnenstrahlung und somit auch ihre Korrelationsabhängigkeit an den erzielten Ernteerträgen. Deshalb können wir auch den Korrelationsbeiwert zwischen den einander entsprechenden Werten ε und X_i als ein Maß der Zusammenwirkung der einzelnen Faktoren im Produktionssystem der Pflanzen verwenden. Folglich gibt es dann für die erwogenen n-Faktoren auch n-Werte der Korrelationskoeffizienten $(r_{\varepsilon 1}, r_{\varepsilon 2}, r_{\varepsilon 3}, \ldots, r_{\varepsilon n})$. Aus der Definition der partiellen Produktionskurven für die einzelnen Faktoren folgt auch, daß jener Faktor, welcher den optimalen Wert hat $(X_{i,\mathrm{opt}})$, das Ausnutzungsvermögen der Sonnenstrahlung durch die Pflanze nicht reduziert, und umgekehrt jener Faktor, welcher den Wert $X_{i,\min}$ oder $X_{i,\max}$ hat, das Erlöschen der Funktion des Produktionssystems $(\varepsilon_i = 0)$ verursacht.

Auf Grund dieser Tatsache können wir bei der ersten Annäherung den partiellen Einfluß $(\varkappa_{i,p})$ eines beliebigen Faktors (X_i) in bezug auf die Ausnutzung der Sonnenstrahlung mit folgender Gleichung ausdrücken:

$$\varkappa_{ip} = \left(\frac{\varepsilon_i}{\varepsilon_{i\,\mathrm{opt}}}\right)^{r_{\varepsilon,i}}, \tag{15}$$

in welcher die Werte ε_i und $\varepsilon_{i,\mathrm{opt}}$ die Ausnutzung der Sonnenstrahlung entsprechend den Werten X_i und $X_{i,\mathrm{opt}}$ sind; X_i und $X_{i,\mathrm{opt}}$ werden aus den entsprechenden partiellen Produktionskurven bestimmt.

Der Einfluß jedes Faktors auf die Ausnutzung der Sonnenstrahlung ist um so größer, je mehr sich der Wert des zugehörigen Korrelationskoeffizienten $(r_{\varepsilon i})$ dem Wert 1 nähert. Bei $r_{\varepsilon i} = 0$ hat der untersuchte Faktor keinen Einfluß auf den Wert $\varkappa_{i,p}$ und deshalb auch nicht auf den Ernteertrag.

Der Wert der gesamten Ausnutzung der Sonnenstrahlung im j-ten Zyklus der Vegetationsperiode (ε_j), als Resultat der Zusammenwirkung aller untersuchten Faktoren (n) im Produktionssystem, wird ausgedrückt als die Multiplikativzahl (Vielfache) der partiellen Wirkungen $(\varkappa_{i,p})$ und der grundlegenden Ausnutzung (ε_{sj}) entsprechend jenem Faktor, den wir als grundlegend betrachten, d. h.

$$\varepsilon_j = \varepsilon_{sj} \cdot \varkappa_1 \cdot \varkappa_2 \cdots \varkappa_i \cdots \varkappa_n = \frac{\prod \varepsilon_i^{r_{\varepsilon i}}}{\prod \varepsilon_{i\,\mathrm{opt}}^{r_{\varepsilon i}}} \cdot \varepsilon_{sj}, \tag{16}$$

in welcher

ε_{sj} — diep artielle Ausnutzung der photosynthetisch wirksamen Sonnenstrahlung mit Bezug auf die Intensität dieser Sonnenstrahlung,

$r_{\varepsilon i}$ — den Korrelationsbeiwert zwischen der Ernte und dem Faktor X_i in dem untersuchten Intervall der Vegetationsperiode,

Π — das Zeichen der Multiplikation der Werte $\varepsilon_i^{r_{\varepsilon i}}$ oder $\varepsilon_{i,\mathrm{opt}}^{r_{\varepsilon i}}$, und $i = 1, 2, \ldots, n$ die Anzahl der untersuchten Faktoren ist.

Bei der Berechnung des Wachstums der ausgesäten Pflanzen, wie z. B. bei den Getreidearten, ist es notwendig, im ersten Phänophaseninterval (Saat — Keimung) und im zweiten Wachstumsintervall (Keimung — Sproß) den Prozeß der Bildung der Standdichte zu ermitteln, und zwar hinsichtlich der Zahl der produktiven Sprosse. Aus diesem Grunde wird empfohlen, anstatt der Berechnung der Zunahme der Biomasse die Berechnung so zu gestalten, daß sie die Abhängigkeit der Zahl der Keimlinge und der produktiven Sprosse von den Vegetationsfaktoren ausdrückt. Folglich wird statt der partiellen Produktionskurven, welche die Abhängigkeit der Ausnutzung der Sonnenstrahlung von einem Vegetationsfaktor ausdrücken, die partielle Abhängigkeit der Zahl der gekeimten Pflanzen von den beobachteten Vegetationsfaktoren, wie z. B. Temperatur und Feuchtigkeit des Bodens, Intensität der Sonnenstrahlung usw., bestimmt. Die Zahl der gekeimten Pflanzen (Keimling) N_r wird mittels der analogen Gleichung (16) errechnet, jedoch werden anstatt der Werte $\varepsilon_{i,j}$ die Zahlen der Keimlinge in die analoge Gleichung eingesetzt, welche aus den partiellen Abhängigkeiten der Anzahl der aufgekeimten Pflanzen ($N_{i,r}$) von dem entsprechenden Vegetationsfaktor errechnet wurden, so daß sich die Gleichung

$$N_r = N_{Ir} \frac{\Pi N_{ir}^{r_{Ni}}}{\Pi N_{ir\,\mathrm{opt}}^{r_{Ni}}} \quad \text{ergibt}, \tag{17}$$

in welcher

$N_{I,r}$ — die Anzahl der gekeimten Pflanzen (Keimlinge) in Abhängigkeit von der Intensität der Sonnenstrahlung,

$N_{i,r,\mathrm{opt}}$ — die optimale Zahl der Keimlinge in Abhängigkeit von dem Vegetationsfaktor X_i,

$r_{N,i}$ — der Korrelationskoeffizient zwischen der Anzahl der Keimlinge und dem Vegetationsfaktor X_i, d. h. der Einfluß des Vegetationsfaktors X_i auf die Anzahl der gekeimten Pflanzen und

Π — das Zeichen der Multiplikation wie in der Gleichung (16) mit den Werten $N_{i,r}$ und $N_{i,r,\mathrm{opt}}$ bedeutet.

Wenn z. B. die Anzahl der gekeimten Pflanzen (N_r) der Sommergerste (Abb. 3) in Abhängigkeit von der Intensität der Sonnenstrahlung (I), der Lufttemperatur (T) und dem Wassergehalt in der aktiven Schicht des Bodens (W) bestimmt werden soll, hat dann die Gleichung (17) die folgende Form:

$$N_r = N_{Ir} \frac{N_{Tr}^{r_{NT}} \cdot N_{Wr}^{r_{NW}}}{N_{Tr\,\mathrm{opt}}^{r_{NT}} \cdot N_{Wr\,\mathrm{opt}}^{r_{NW}}}, \tag{18}$$

wobei

$N_{I,r}$, $N_{T,r}$, $N_{W,r}$ — die Anzahl der gekeimten Pflanzen in Abhängigkeit von der Intensität der Sonnenstrahlung, der Lufttemperatur und dem Wassergehalt in der aktiven Schicht des Bodens,

$r_{N,T}$, $r_{N,W}$ — das Maß des Einflusses der Lufttemperatur und des Wassergehaltes auf die Anzahl der gekeimten Pflanzen, bestimmt durch den entsprechenden Wert des Korrelationskoeffizienten, und

$N_{T,r,\mathrm{opt}}$, $N_{W,r,\mathrm{opt}}$ — die optimale Anzahl der gekeimten Pflanzen in Abhängigkeit von der Lufttemperatur und dem Wassergehalt in der aktiven Schicht des Bodens bedeuten.

Die Anzahl der produktiven Sprosse hängt nicht nur von den Vegetationsfaktoren, sondern auch von der Anzahl der gekeimten Pflanzen ab, und deshalb werden die partiellen Abhängigkeiten der Anzahl der produktiven Sprosse die Form wie in Abbildung 4 haben. Dann wird die durchschnittliche Anzahl der produktiven Sprosse (n_p) einer Pflanze mittels der analogen Gleichung (17) errechnet, d. h.

$$n_p = n_{Ip} \frac{\Pi\, n_{ip}^{r_{ni}}}{\Pi\, n_{ip\,\mathrm{opt}}^{r_{ni}}}, \quad \text{wobei} \tag{19}$$

$n_{I,p}$ — die durchschnittliche Anzahl der produktiven Sprosse einer Pflanze in Abhängigkeit von der Sonnenstrahlung,

$n_{i,p}$, $n_{i,p,\mathrm{opt}}$ — die durchschnittliche und optimale Anzahl der produktiven Sprosse einer Pflanze in Abhängigkeit vom Vegetationsfaktor X_i,

$r_{n,i}$ — das Maß des Einflusses des Vegetationsfaktors X_i auf die Anzahl der produktiven Sprosse, gegeben durch den entsprechenden Wert des Korrelationskoeffizienten, und

Π — das Zeichen der Multiplikation wie in den Gleichungen (16) und (17) mit den Werten $n_{i,p}$ und $n_{i,p,\mathrm{opt}}$ bedeuten.

Die Werte $n_{i,p}$ und $n_{i,p,\mathrm{opt}}$ werden immer aus der partiellen Kurve der Abhängigkeit der Anzahl der produktiven Sprosse vom untersuchten Vegetationsfaktor für die tatsächliche Anzahl der gekeimten Pflanzen (Abb. 3) bestimmt.

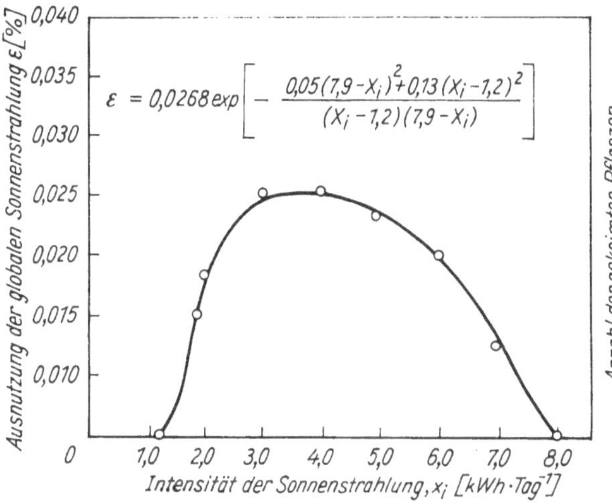

Abb. 3. Partielle Produktionskurve der Intensität der Sonnenstrahlung für Sommergerste im Entwicklungsstadium Aussaat — Keimung

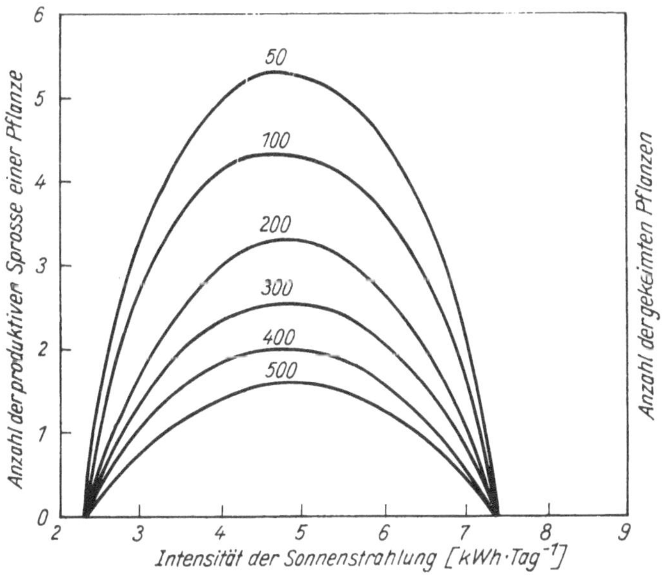

Abb. 4. Partielle Produktionskurven der Sonnenstrahlung für Sommergerste im Entwicklungsstadium Keim — Sproß

Im Falle der Berechnung der Anzahl der produktiven Sprosse der Sommergerste in Abhängigkeit von der Intensität der Sonnenstrahlung, der Lufttemperatur und dem Wassergehalt der aktiven Bodenschicht hat die Gleichung (19) die folgende Form:

$$n_p = n_{Ip} \frac{n_{Tp}^{r_{nT}} \cdot n_{Wp}^{r_{nW}}}{n_{Tp\,\mathrm{opt}}^{r_{nT}} \cdot n_{Wp\,\mathrm{opt}}^{r_{nW}}}, \quad \text{wobei} \tag{20}$$

$n_{I,p}$, $n_{T,p}$ — die durchschnittliche Anzahl der produktiven Sprosse einer Pflanze in Abhängigkeit von der Intensität der Sonnenstrahlung, der Lufttemperatur und dem Bodenwassergehalt,

$n_{T,p,\mathrm{opt}}$, $n_{W,p,\mathrm{opt}}$ — die optimale Anzahl der produktiven Sprosse bei der gegebenen Anzahl der gekeimten Pflanzen pro Flächeneinheit,

$r_{n,T}$, $r_{n,W}$ — der Erläuterung gemäß der Gleichung (18), jedoch für das Phänophasenintervall „Keimung — Sproß" bedeutet.

Die Gesamtanzahl der produktiven Sprosse pro Flächeneinheit (N_p) wird als das Produkt der gekeimten Pflanzen und der durchschnittlichen Anzahl der produktiven Sprosse einer Pflanze ermittelt, d. h.

$$N_p = N_r \cdot n_p. \tag{21}$$

Im folgenden Phänophasenintervall, d. h. „Sproß — Halm", ist es schon vorteilhaft, auch bei den Getreidepflanzen, den Zuwachs der Biomasse zu errechnen. Deshalb ist es am Ende des Intervalls „Keimling — Sproß" notwendig, aus der Anzahl der Sprosse die entsprechende Menge der Biomasse (Y_{v-o}) zu errechnen, und zwar mittels der Gleichung

$$Y_{v-o} = Y_{v-o,\mathrm{opt}} \cdot \frac{N_p}{N_{p\,\mathrm{opt}}}, \tag{22}$$

in welcher

Y_{v-o}, $Y_{v-o,\mathrm{opt}}$ — die tatsächliche und optimale Ernte am Ende des Wachstumsintervalls „Keimling — Sproß" und

N_p, $N_{p,\mathrm{opt}}$ — die tatsächliche und optimale Anzahl der produktiven Sprosse pro Flächeneinheit bedeuten.

Für die folgenden Wachstumsintervalle wird für die Getreidepflanzen die Ausnutzung der Sonnenstrahlung (ε_j) errechnet, und zwar im Einklang mit der Gleichung (12) und (16), wobei aber die Werte für ε_i nicht errechnet werden müssen, sondern direkt abgelesen werden können aus ihren graphischen bzw. tabellenmäßig angeordneten Abhängigkeiten (Abb. 5).

Die Körnerernte ist abhängig von der Anzahl der produktiven Sprosse einer Pflanze. Diese Abhängigkeit kann in Feldversuchen bestimmt werden, und

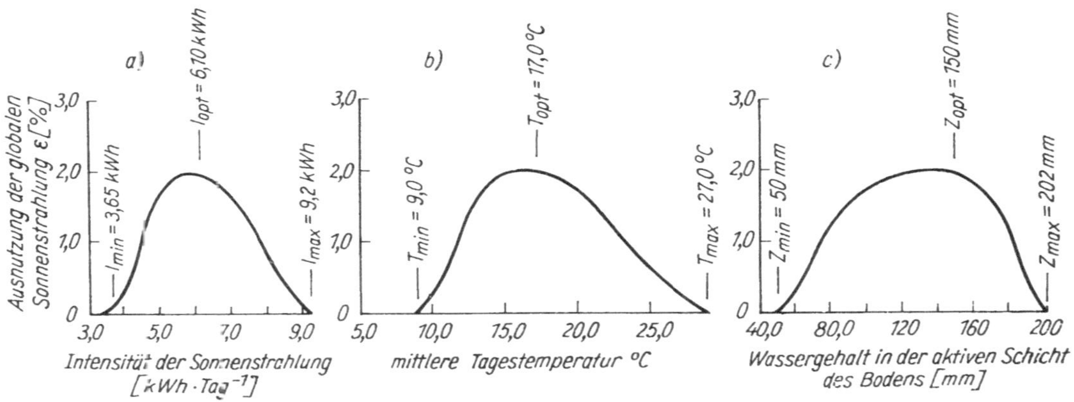

Abb. 5. Partielle Produktionskurven der Strahlungsintensität (a), mittleren Tageslufttemperatur (b) und des Bodenwassergehaltes (c) bei Sommergerste während des Entwicklungsstadiums Halm – Ähre

zwar auf der Basis der ermittelten Unterschiedlichkeit der Anzahl der Körner in den Ähren. Für die Sommergerste ist ein annähender Verlauf der Abhängigkeit der relativen Produktivität der Ähre (p_k) von der Anzahl der produktiven Sprosse in der Abbildung 6 dargestellt.

Die Körnerernte (Y_z) wird so errechnet, daß die für das letzte Phänophasenintervall bestimmte Biomasse auf die Körnerernte überführt wird, und zwar mittels des Verhältnisses ($h_{p,b}$), welches das Verhältnis der Kornmasse zur

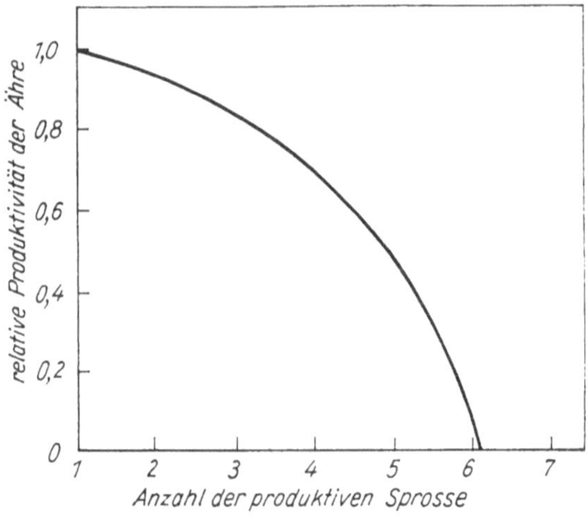

Abb. 6. Abhängigkeit der Produktivität der Ähren von der Anzahl der Sprosse bei Sommergerste

Masse der ganzen Biomasse bei einer optimalen Ernte ausdrückt; das Resultat wird dann mit der relativen Produktivität der Ähre (p_k) multipliziert, d. h.

$$Y_z = p_k \cdot h_{pb} \cdot Y_{Mz-Pz}, \tag{23}$$

wobei

Y_{Mz-Pz} — die Gesamternte der Biomasse am Ende des letzten Wachstumsintervalls ist.

Bei der Errechnung des gesteigerten Ernteertrages im j-ten Intervall der Vegetationsperiode, d. h. bei der Kalkulation des Wertes ε_j, wird empfohlen, als grundlegenden Faktor die Intensität der Sonnenstrahlung und den entsprechenden Wert ihrer Ausnutzung $\varepsilon_{s,j}$ zu benutzen und den Einfluß der anderen Faktoren in die Kalkulation nach der Gleichung (16) einzubeziehen.

Der Bestand der untersuchten landwirtschaftlichen Nutzpflanze, d. h. der Einfluß des Wachstums und der Entwicklung der Pflanze in den vorangehenden

Intervallen, wird bei der Kalkulation im folgenden Intervall als das Verhältnis zwischen der erreichten Ernte und der optimalen Ernte ausgedrückt. Dann wird die gesamte botanische Ernte (Y_j) im j-ten Intervall errechnet nach der Gleichung:

$$Y_j = \sum_{k=1}^{j-1} \Delta Y_k + \Delta Y_j = \sum_{k=1}^{j-1} \Delta Y_k + \frac{\varepsilon_j \cdot Q_{rj} \cdot \sum_{k=1}^{j-1} \Delta Y_k}{\gamma \cdot \sum_{k=1}^{j-1} \Delta Y_{k\,\mathrm{opt}}}$$

$$= \sum_{k=1}^{j-1} \Delta Y_k \left(1 + \frac{\varepsilon_j \cdot Q_{rj}}{\gamma \cdot \sum_{k=1}^{j-1} \Delta Y_{k\,\mathrm{opt}}}\right), \tag{24}$$

in welcher

$k = 1, 2 \ldots j - l$ — die Anzahl der Kalkulationsintervalle in der Vegetationsperiode,

und $\Delta Y_j = \dfrac{\varepsilon_j \cdot Q_{ri}}{\gamma}$ bedeutet.

Die optimale Ernte $Y_{k,\mathrm{opt}}$ ist die Summe der optimalen Zuwächse ($\Delta Y_{j,\mathrm{opt}}$) in den einzelnen Intervallen, vorausgesetzt, daß während dieser Intervalle die optimale Wirkung aller Faktoren des Produktionssystems zur Geltung kommt.

Die partielle Produktionskurve des Wassergehaltes im Boden

Der Wassergehalt des Bodens steht in einem umgekehrten Verhältnis zum Luftgehalt des Bodens. Bei einem niedrigen Luftgehalt des Bodens ist für das Wachstum der Pflanzen der limitierende Faktor der Mangel an Wasser, und umgekehrt bei einer hohen Feuchtigkeit des Bodens ist der limitierende Faktor der Mangel an Sauerstoff. Für die partielle Abhängigkeit der Ernte vom Wassergehalt im Boden gilt im Einklang mit der Gleichung (9):

$$y_w = \exp\left(-\alpha \frac{w_{\max} - w}{w - w_{VB}}\right), \tag{25}$$

wobei

$y_w = Y_W / Y_{\max}$ — die Ernte durch den Anteil aus der maximalen Ernte $Y_{\max}$,

Y_w — der Absolutwert der Ernte als Funktion des Wassergehaltes im Boden bei anderen optimalen Bedingungen,

$w = \Theta/P$ — die relative Feuchtigkeit des Bodens, $w_{max} = 1$ (wenn $\Theta = P$ und $w_{VB} = \Theta_{VB}/P$, wo Θ_{VB} — die Feuchtigkeit des Bodens, die dem Welkepunkt entspricht),

α — ein Parameter, dessen Wert sich für die Pflanzen der gemäßigten Zone meistens zwischen 0,3 bis 0,8 bewegt, in Abhängigkeit von den physikalischen Eigenschaften des Bodens und der Intensität der Transpiration, bedeuten. Höhere α-Werte erscheinen bei wasseranspruchsvollen Pflanzen, bei einer intensiven Transpiration und in schweren Böden mit ungünstigen hydrophysikalischen Eigenschaften.

Die partielle Abhängigkeit der Ernte vom Luftgehalt des Bodens ist durch die Exponentialgleichung in der Form

$$y_v = \exp\left(-\beta \frac{w - w_{VB}}{w_{max} - w}\right) \tag{26}$$

gegeben, in welcher

$y_v = Y_v/Y_{max}$ — die Ernte, ausgedrückt durch den Anteil aus der maximalen Ernte Y_{max},

Y_v — den Absolutwert der Ernte in Abhängigkeit von der Durchlüftung des Bodens bedeuten.

w, w_{max}, w_{VB} — bedeuten dasselbe wie in der vorangehenden Gleichung,

β — ist ein Parameter, dessen Wert sich für Pflanze der gemäßigten Zone gewöhnlich zwischen 0,05 und 0,1 bewegt. Kleinere Werte erscheinen bei Pflanzen, die anspruchsvoll an die Durchlüftung des Bodens sind und bei hoher Intensität der Transpiration; größere Werte sind bei Pflanzen, die empfindlich auf den Sauerstoffgehalt des Bodens reagieren, zu erwarten.

Bei gemeinsamer Wirkung der Feuchtigkeit und Durchlüftung des Bodens gelten die Grenzbedingungen der partiellen Abhängigkeiten bei w_{VB} und w_{max} (Abb. 1, 2), bei denen $y_{w,v} = 0$, wobei $y_{w,v} = Y_{w,v}/Y_{max}$, wobei $Y_{w,v}$ der absolute Wert der Ernte abhängig von der Feuchtigkeit und Durchlüftung des Bodens ist. Diesen Grenzbedingungen entspricht $y_{w,v}$ als Produkt von y_w und y_v, d. h.

$$y_{w,v} = y_w \cdot y_v = \exp\left[-\frac{\alpha(w_{max} - w)^2 + \beta(w - w_{VB})^2}{(w - w_{VB})(w_{max} - w)}\right]. \tag{27}$$

Der Wert $y_{w,v}$ erreicht sein Maximum bei der optimalen Feuchtigkeit w, d. h. bei dem optimalen Verhältnis zwischen dem Gehalt des Wassers und der Luft im Boden.

Aus der Gleichung (27) folgt, daß $y_{w,v}$ das Maximum bei dem minimalen Wert des Bruches

$$F(w) = \frac{\alpha(w_{\max} - w)^2 + \beta(w - w_{VB})^2}{(w - w_{VB})\,(w_{\max} - w)} \tag{28}$$

erreicht und dann gilt

$$\frac{dF(w)}{dw} = \frac{(w_{\max} - w_{VB})\,[-\alpha(w_{\max} - w)^2 + \beta(w - w_{VB})^2]}{(w - w_{VB})\,(w_{\max} - w)} = 0. \tag{29}$$

Weil der Nenner in der Gleichung (29) immer einen positiven Wert hat, größer als 0 und kleiner als 1, erwägt man, daß $w > w_{VB}$ ist; in diesem Bereich befindet sich der Wert des Ausdruckes $w_{\max} - w_{VB}$; es gilt

$$-\alpha(w_{\max} - w)^2 + \beta(w - w_{VB})^2 = 0 \tag{30}$$

und daraus:

$$w_{\text{opt}} = \frac{(\alpha \cdot w_{\max} - \beta \cdot w_{VB}) - \sqrt{(\alpha \cdot w_{\max} - \beta \cdot w_{VB})^2 - (\alpha - \beta)\,(\alpha \cdot w_{\max}^2 - \beta \cdot w_{VB}^2)}}{\alpha - \beta}, \tag{31}$$

wobei w_{opt} die optimale Feuchtigkeit des Bodens ist. Die benutzten Zeichen in der Gleichung (31) haben dieselbe Bedeutung wie in der Gleichung (25) und (26). Es ist zu bemerken, daß α und β nur scheinbare Konstanten für die gegebene Pflanze und den Boden sind, da sich ihre Werte ändern, wie schon im Zusammenhang mit den Gleichungen (25) und (26) erwähnt wurde.

Im Einklang mit der beschriebenen Theorie der partiellen Produktionskurven des Bodenwassers untersuchte R. Mati (1980) den tatsächlichen Verlauf dieser Kurven in Lehmböden der Ostslowakischen Ebene und bei folgenden Pflanzen: Wintergerste, Zuckerrübe, Weißklee und Sojabohnen. Es handelte sich um schwere Böden mit einem Anteil von Teilchen kleiner als 0,01 mm von 55,29% bis 65,08%.

Die Feuchtigkeit des Bodens in der aktiven Schicht des Bodens unter den erwähnten Pflanzenbeständen wurde im Verlauf der Vegetationsperioden der Jahre 1973 bis 1978 gemessen, wobei die für den Wassergehalt kritischen Perioden mittels der Methode des bioklimatischen Kriteriums bestimmt wurden. Die potenziellen Ernten ($Y_{\max}$) wurden ermittelt auf Grund der photosynthetischen Produktivität unter den Bedingungen der Ostslowakischen Ebene mit der Voraussetzung, daß die Sonnenstrahlung, die Temperatur und der CO_2-Gehalt in der Atmosphäre sowie auch der Wassergehalt im Boden keine limitierenden Faktoren waren.

Der Gehalt des Wassers im Boden hatte einen nachweisbaren Einfluß auf die Erträge der Wintergerste in der Zeitperiode von der dritten Dekade April bis Ende Mai, d. h. während der Zeit eines intensiven Anwachsens des Ertrages. Der Verlauf der partiellen Produktionskurve in der Zeit vom 20. 4. bis 31. 5. ist in der Abbildung 8 ersichtlich. Der höchste Ertrag war 0,64 kg · m^{-2} bei einem potentiellen Ertrag 1,05 kg · m^{-2}. Es wurden folgende Werte der Parameter der Gleichung (27) ermittelt: $\alpha = 0{,}5$ und $\beta = 0{,}13$.

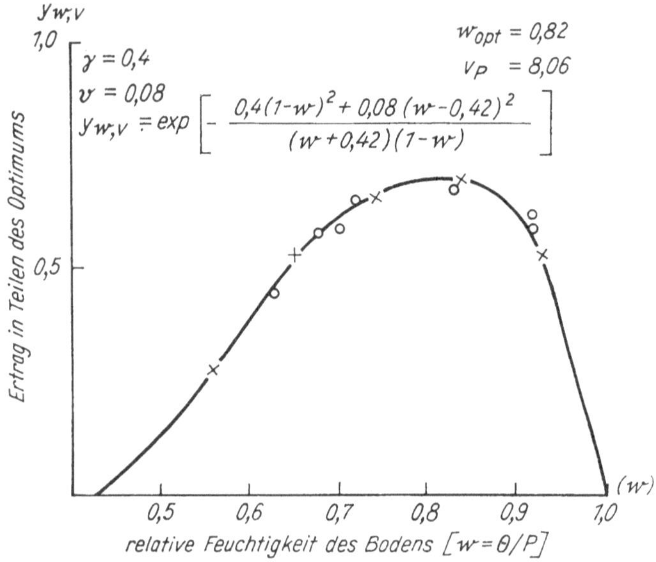

Abb. 7. Partielle Produktionskurve der Bodenfeuchtigkeit für die Zuckerrübe (Juli, August, September) auf einem Boden der Ostslowakischen Ebene (MATI, 1980)

Der Wert der optimalen Bodenfeuchtigkeit $w_{opt} = 0{,}80$ entspricht 86% der Feldwasserkapazität bzw. 74,55% der nutzbaren Wasserkapazität; der entsprechende Luftgehalt im Boden war 8,96% des Volumens. Bei der Überschreitung der optimalen Feuchtigkeit bis zu einem Grad, der 94,45% der Feldkapazität entspricht, d. h. bei einem Luftgehalt von 5,51% des Volumens, war der Ernteertrag um 0,34 kg · m^{-2} niedriger.

Bei der Zuckerrübe (Abb. 7) war der Wassergehalt im Boden besonders in den Monaten Juli und August limitierender Faktor; ein hoher Wassergehalt dagegen wurde am Anfang der Vegetationsperiode in den Monaten April und Mai gemessen. Der höchste Ernteertrag lag bei 6,67 kg · m^{-2} bei einer potenziellen Ernte von 9,96 .g · m^{-2}. Die mittleren Werte der Parameter der Gleichung (27) in den Monaten April, Juli und August waren: $\alpha = 0{,}4$, $\beta = 0{,}08$. Die optimale Bodenfeuchtigkeit, ausgedrückt durch den Anteil aus der Porosität $w_{opt} = 0{,}82$, entspricht 88% der Feldkapazität ($0{,}88\Theta_{PK}$) und 78,51% der nutzbaren Wasserkapazität.

Die meist ausgeprägte Abhängigkeit des Weißklees vom Wassergehalt des Bodens wurde in den Monaten Juli und August (Abb. 9) festgestellt. Der

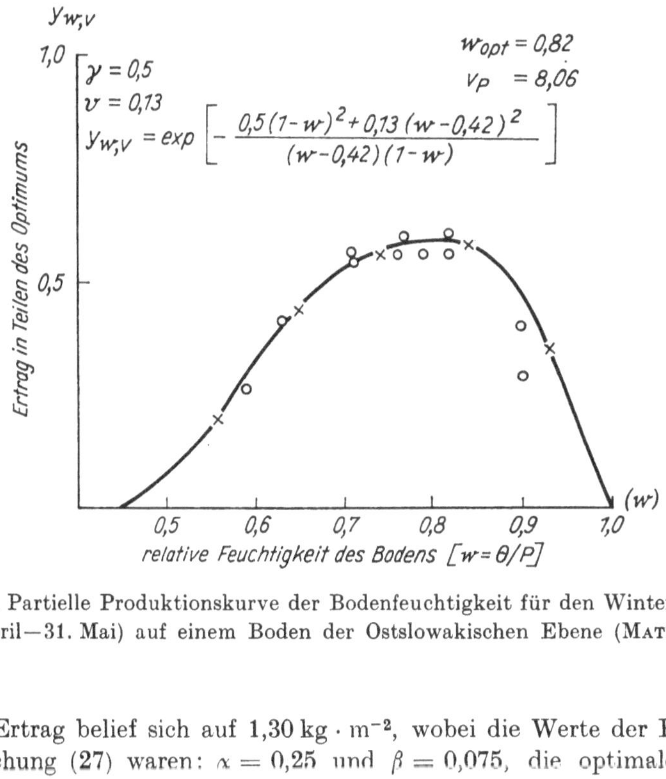

Abb. 8. Partielle Produktionskurve der Bodenfeuchtigkeit für den Winterweizen (20. April—31. Mai) auf einem Boden der Ostslowakischen Ebene (MATI, 1980)

höchste Ertrag belief sich auf 1,30 kg · m^{-2}, wobei die Werte der Parameter der Gleichung (27) waren: $\alpha = 0{,}25$ und $\beta = 0{,}075$, die optimale Bodenfeuchtigkeit betrug $w_{opt} = 0{,}79$, d. h. 85% der Feldkapazität und 72,56% der nutzbaren Wasserkapazität.

Ähnlich wie beim Klee und der Zuckerrübe wurde auch bei der Sojabohne eine starke Abhängigkeit der Ernteerträge vom Bodenwassergehalt besonders in den Monaten Juli und August festgestellt (Abb. 10). Der höchste Ertrag war 0,254 kg · m^{-2} bei einer potentiellen Ernte von 0,40 kg · m^{-2}; der Wert des Parameters α betrug 0,4 und der des Parameters β 0,17. Die optimale Feuchtigkeit des Bodens $w_{opt} = 0{,}77$ entspricht 83% der Feldkapazität und 68% der nutzbaren Wasserkapazität.

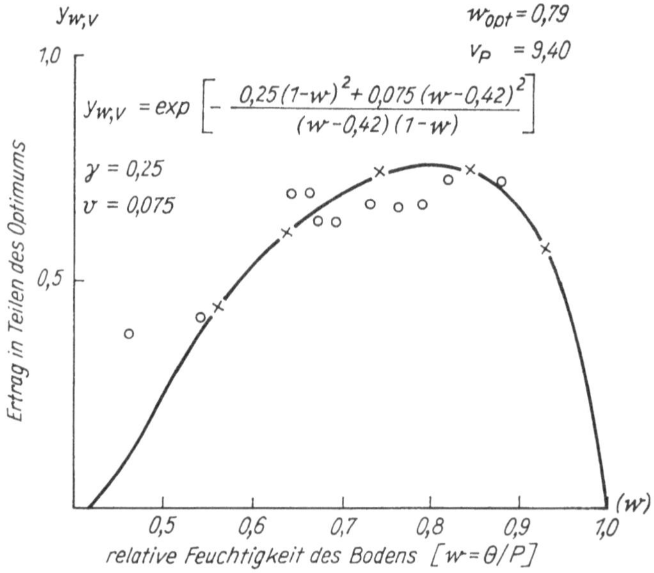

Abb. 9. Partielle Produktionskurve der Bodenfeuchtigkeit für den Weißklee (Juli, August) auf einem Boden der Ostslowakischen Ebene (MATI, 1980)

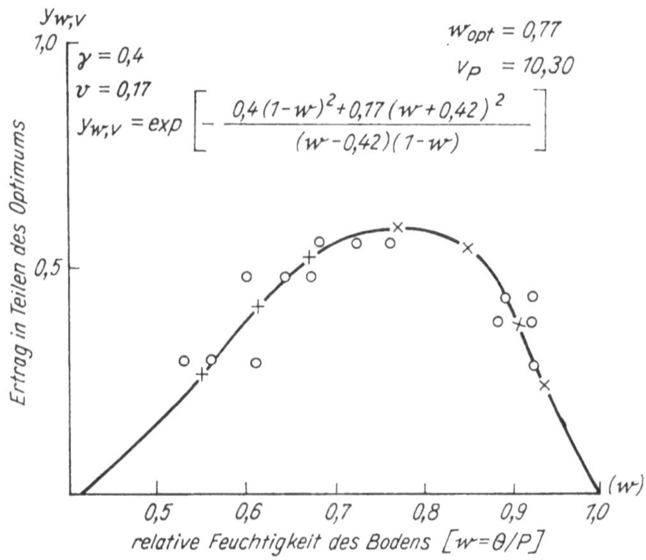

Abb. 10. Partielle Produktionskurve der Bodenfeuchtigkeit für Soja (Juli, August) auf einem Flurgleiboden der Ostslowakischen Ebene (MATI, 1980)

Vergleich zwischen den errechneten und tatsächlichen Ernten in bezug auf den Bodenwassergehalt

Die Anwendungsmöglichkeit des vorgeschlagenen mathematischen Modells des Erntewachstums wurde mittels der Korrelationsanalyse der tatsächlichen und kalkulierten Ernten der Sommergerste untersucht. Die Größe der tatsächlichen Ernten wurde auf Grund der Feldversuchsergebnisse der Landwirtschaftlichen Hochschule in Nitra, ČSSR, geschätzt. Die Varianten der 4jährigen Versuche wurden so angelegt, daß die Aussaat auf den einzelnen Versuchsparzellen nacheinander in 5-Tage-Intervallabstand vorgenommen wurde; auf diese Weise machte die Gerste auf den einzelnen Versuchsflächen ihre Entwicklungsstadien bei unterschiedlichen klimatischen Bedingungen und unterschiedlichem Bodenwassergehalt durch. Im Verlauf der Feldversuche wurden meteorologische Daten und andere für die Kalkulation der Ernte notwendige Größen in bezug auf das vorgeschlagene mathematische Modell gemessen.

Bei der Kalkulation der botanischen Ernte wurden folgende Entwicklungsstadien in Erwägung gezogen (Abb. 11):

1. Aussaat — Keimung (S—V),
2. Keimung — Sproß (V—O),
3. Sproß — Halm (O—St),
4. Halm — Ähre (St—Kl),
5. Ähre — Milchreife (Kl—Ml),
6. Milchreife — Vollreife (Ml—Z).

Die optimalen Werte der Intensität der Sonnenstrahlung (I_{opt}) und der Lufttemperatur ($T_{i,opt}$) wurden als Mittelwerte der Varianten mit größten Ernteerträgen bestimmt. Die weiteren Grenzwerte der Intensität der Sonnenstrahlung und der Lufttemperatur (I_{min}, I_{max}, $T_{v,min}$ und $T_{v,max}$) wurden ebenfalls ermittelt und die Untersuchungsergebnisse des Einflusses der meteorologischen Faktoren auf das Wachstum der Ernte genutzt (Pevný, Špánik, 1971). Die optimalen Werte des Bodenwassergehaltes wurden bestimmt aus den Retentionskurven des Bodenwassers und deren Beziehung zur hydraulischen Leitfähigkeit des Bodens bei der Einhaltung der Forderung, daß bei einer genügenden Wassermenge für die Pflanzen auch der Boden gut durchlüftet ist (Benetin, 1979). Die minimalen und maximalen Werte des Bodenwassergehaltes ($W_{a,min}$, $W_{a,max}$) hatten denselben Wert wie der Welkepunkt und die volle (saturierte) Wasserkapazität des Bodens. Der Verlauf der minimalen, optimalen und maximalen Werte der Intensität der Sonnenstrahlung und der Lufttemperatur in Abhängigkeit vom Verlauf der Entwicklungsstadien ist auf den Abbildungen 12 und 13 deutlich zu sehen. In der Tabelle 1 sind die minimalen, optimalen und maximalen Werte des Bodenwassergehaltes angeführt.

Die angeführten drei Grenzwerte zusammen mit den Ergebnissen der Wachstumsanalyse wurden bei der Konstruktion der partiellen Produktions-

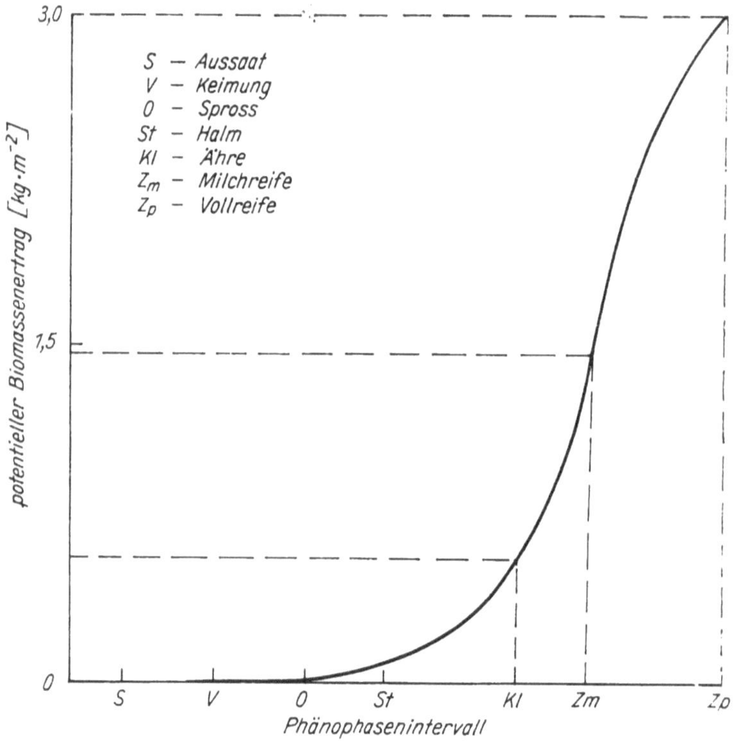

Abb. 11. Wachstumskurve des potentiellen botanischen Ernteertrages der Sommergerste

kurven für die einzelnen Entwicklungsstadien verwendet. Die Abbildung 5 zeigt die partiellen Produktionskurven für das Entwicklungsstadium „Halm – Ähre". Bei den Entwicklungsstadien „Saat – Keimung" und „Keimung – Sproß" war es notwendig, den Prozeß der Bestandsbildung zu erfassen. Aus diesem Grunde war es von Vorteil, die Kalkulation so zu modifizieren, daß in den Gleichungen des mathematischen Modells anstatt des Zuwachses der Biomasse die Anzahl der gekeimten Pflanzen und der produktiven Sprosse eingesetzt wurde (Abb. 3, 4).

Die Werte der errechneten Korrelationswerte für die einzelnen Entwicklungsstadien lagen im Bereich von 0,70—0,88, und der Wert des Korrelationsbeiwertes für die gesamte Serie der Enderträge betrug 0,81.

In der Tabelle 2 sind die tatsächlichen und kalkulierten Ernten der 8 Varianten (Jahr 1966) enthalten, als während der Vegetationsperiode sehr günstige

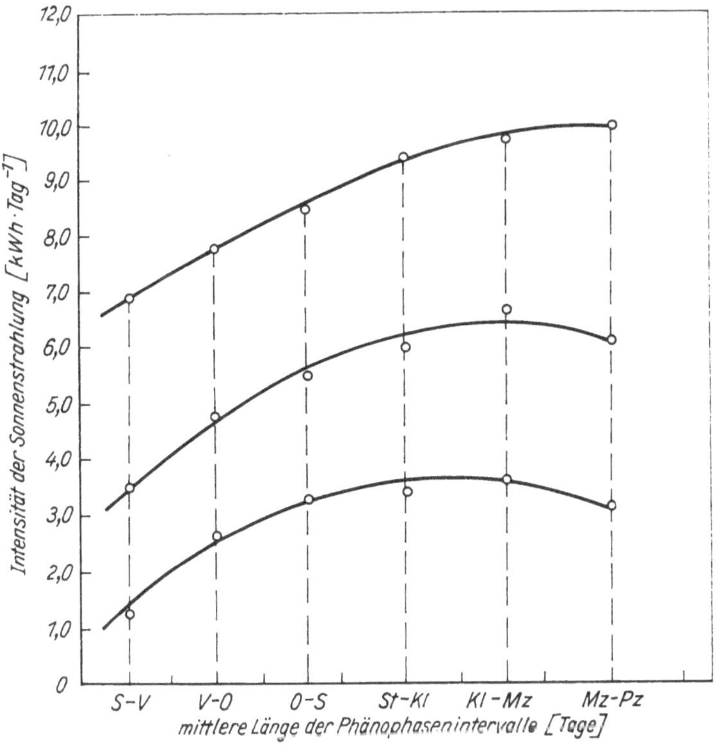

Abb. 12. Verlauf der minimalen, optimalen und maximalen Werte der Intensität der Globalstrahlung während der Vegetationsperiode der Sommergerste

klimatische Bedingungen für die Entwicklung der Versuchspflanzen (Gerste) herrschten. Die Intensität der Sonnenstrahlung lag für alle Varianten während der ganzen Vegetationsperiode in der Nähe des Optimalwertes. Auch die Lufttemperatur war nur etwas niedriger als bei der ersten Variante während des Entwicklungsstadiums Aussaat — Keimung. Auf der anderen Seite war die Lufttemperatur etwas höher bei der 7. und 8. Variante im Entwicklungsstadium Keimung — Sproß und bei der 2. und 3. Variante während des Entwicklungsstadiums Sproß — Halm. In bezug auf die anderen Varianten und Entwicklungsstadien befand sich im Jahre 1966 auch die Lufttemperatur nahe dem Optimalwert.

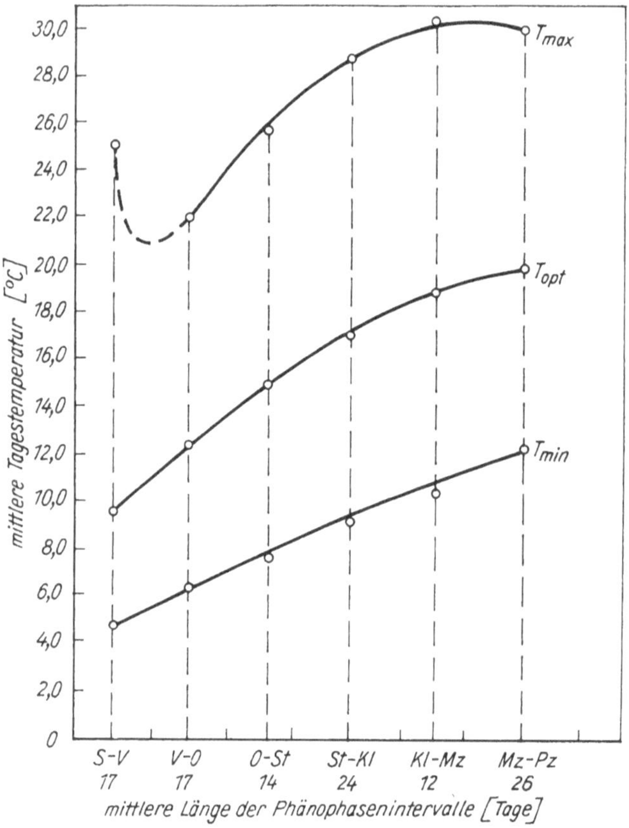

Abb. 13. Verlauf der minimalen, optimalen und maximalen Werte der mittleren täglichen Lufttemperatur während der Vegetationsperiode der Sommergerste

Aus dem Vergleich der Ernten (Tab. 2) ergibt sich bei einer verhältnismäßig geringen Schwankung der wichtigsten meteorologischen Faktoren, daß der Mangel an Bodenwasser die Ernten der Varianten 6, 7 und 8 erheblich reduziert hat. Einen weniger ausgeprägten Einfluß hatte das Bodenwasserdefizit auf die 3. und 5. Variante. Eine weitere Ursache der verhältnismäßig niedrigen Ernteerträge bei den ersten 7 Varianten waren offensichtlich Mängel in der Agrotechnik, in der Ernährung und im Pflanzenschutz.

Tabelle 1

Phänophasenintervall	S–V			V–O			O–St			St–Kl			Kl–Mz			Mz–Pz		
Tiefe der aktiven Bodenschichten	0,10			0,20			0,30			0,45			0,55			0,60		
Charakteristischer Gehalt des Wassers	Mi	O	Ma	Mi	O	Ma	Mi	O	Ma	Mi	O	Ma	Mi	O	Ma	Mi	O	Ma
Gehalt des Wassers in mm	12	34	45	26	69	90	36	102	135	54	153	202	66	187	247	72	204	270

S–V = Aussaat – Keimung; V–O, O–St, St–Kl, Kl–Mz, Mz–Pz – wie in der Tabelle 3. Mi – Minimum, O – Optimum, Ma – Maximum.

Tabelle 2

Variante		1	2	3	4	5	6	7	8
Anzahl der produktiven Sprosse	wesentlich	648	614	591	559	561	456	537	518
	gerechnet	783	763	789	785	748	596	485	408
Botanische Ernte kg · m^{-2}	wesentlich	0,76	0,73	0,66	0,64	0,62	0,52	0,52	0,43
	gerechnet	2,96	2,65	2,61	2,67	2,14	1,66	1,19	0,42

In der Tabelle 3 sind die erzielten und kalkulierten Ernteerträge für drei charakteristische Varianten, nämlich die neunte mit maximalem, die neunzehnte mit mittlerem und die sechzehnte mit minimalem Ernteertrag dargestellt. Die Ernten waren kalkuliert für den Fall, daß der Bodenwassermangel durch Bewässerung (I, T) aufgeschoben und der Verlauf aller drei untersuchten Vegetationsfaktoren in die Kalkulation nach den natürlichen Bedingungen (I, T, W) einbezogen wurde. Die Bewässerung hatte die Ernte signifikant gesteigert. Der maximale Einfluß der ergänzenden Bewässerung hatte sich jedoch nicht im Jahr mit dem maximalen Bodenwassermangel gezeigt (Va-

Tabelle 3

Variante	Vegetationsfaktor	Biomasse kg · m^{-3}						
		Phänophasen-Intervall					Differenz	Aktuale Ernte
		V–O	O–St	St–Kl	Kl–Mz	Mz–Pz		
Maximale Ernte	Optimale Bedingungen	0,013	0,093	1,005	2,168	3,000		
9	I, T	0,012	0,086	0,473	1,068	1,867		
	I, T, W	0,011	0,078	0,352	0,695	0,850	1,017	1,03
19	I, T	0,009	0,052	0,302	0,474	0,868		
	I, T, W	0,007	0,036	0,190	0,282	0,356	0,512	0,58
16	I, T	0,010	0,081	0,308	0,736	1,082		
	I, T, W	0,007	0,051	0,125	0,186	0,219	0,863	0,013

I = Intensität der Sonnenstrahlung
T = Lufttemperatur
W = Wassergehalt des Bodens

V–O = Keimung – Sproß
O–St = Sproß – Halm
St–Kl = Halm – Ähre
Kl–Mz = Ähre – Milchreife
Mz–Pz = Milchreife – Vollreife

riante 16), sondern im Jahr mit weniger Bodenwassermangel, aber dafür günstigen Verlauf der Intensität der Sonnenstrahlung und günstiger Lufttemperatur (Variante 9).

Schlußfolgerungen

Mit einer signifikanten Korrelationsbeziehung zwischen den in Feldversuchen erzielten und mittels eines vorgeschlagenen mathematischen Modells für das Erntewachstum errechneten Ernteerträgen wurde die Eignung dieses mathematischen Modells zur Bestimmung des Anteils der einzelnen Vegetationsfaktoren an der Erntebildung in Zusammenwirkung mit den im Produktionssystem der Pflanzen wirkenden Faktoren nachgewiesen. Das Modell eignet sich auch zur quantitativen Auswertung des Einflusses der Bewässerungsgaben auf das Wachstum der landwirtschaftlichen Produkte in ihren Entwicklungsstadien.

Der Vergleich zwischen den in Feldversuchen erreichten und mit dem beschriebenen mathematischen Modell errechneten Ernteerträgen in bezug auf das Produktionssystem der Pflanzen, zusammen mit der Auswertung der drei untersuchten Vegetationsfaktoren (Intensität der Sonnenstrahlung, Lufttemperatur und Bodenwassergehalt) brachte den Nachweis, daß die klimatischen Bedingungen eine viel größere Ausnutzung der Produktionsfähigkeit der Sommergerste erlaubten, als dies tatsächlich erzielt wurde. Eine der Hauptursachen der verhältnismäßig niedrigen Ausnutzung dieser Produktionsfähigkeit und somit auch der Nutzung der Sonnenstrahlung war der Mangel an Bodenwasser in den verschiedenen Entwicklungsstadien der untersuchten Gerste, verbunden mit ungünstiger Lufttemperatur und nicht ausreichender Intensität der Sonnenstrahlung. Offensichtlich hatten aber auch mangelhafte agrotechnische Maßnahmen Einfluß auf die niedrigen Ernteerträge gehabt. Der Vorteil des Modells besteht in der Möglichkeit der quantitativen Auswertung eines jeden Faktors in bezug auf die Verringerung oder Steigerung des Ernteertrages.

Bei der quantitativen Auswertung der Bewässerungsgaben in bezug auf die Steigerung der Ernten muß deren Einfluß gemeinsam mit den anderen Vegetationsfaktoren, besonders den klimatischen, geprüft werden, da diese in den Feldbedingungen praktisch nicht regulierbar sind.

Die erfolgreiche Ausnutzung des vorgeschlagenen Modells des Produktionssystems der Pflanzen zur quantitativen Auswertung des Einflusses der Bewässerung ist abhängig von der Verläßlichkeit der Eingangsdaten; zu diesen gehören auch die Unterlagen über die maximal mögliche Ausnutzung der Sonnenstrahlung durch die untersuchte Pflanze in ihren einzelnen Entwicklungsstadien, weiterhin das Maß der Signifikanz (die Beiwerte der Korrelation) der einzelnen Vegetationsfaktoren im Produktionssystem der untersuchten Pflanze und auch die Angaben über den Verlauf dieser Faktoren während der Vegetationsperiode.

Ergänzende Hinweise

Die mathematische Darstellung der partiellen Produktionskurve in Form der Gleichung (12) wurde unter der Voraussetzung abgeleitet, daß der Zuwachs der Ausnutzung der Sonnenstrahlung bei der positiven Wirkung eines Vegetationsfaktors im Zusammenklang mit der hyperbolischen Funktion (Gleichung 2) ist, und daß die Abnahme der Ausnutzung der Strahlung betreffend der negativen Wirkung dieses Faktors der analogen Funktion entspricht. Wie ausgeführt wurde, entspricht diese hyperbolische Funktion zum Beispiel den zahlreichen experimentell erworbenen Erkenntnissen über die Wirkung der angewendeten Mineraldünger. Vertretbar ist die Gültigkeit der Funktion in der Umgebung des singularen Punktes $X_i = X_{i,\min}$, in welchen $\partial\varepsilon_{ip}/\partial X_i = \infty$.

Praktische Erfahrungen mit intensivem Pflanzenbau ergeben, daß auch in diesem Punkt der Wert der partiellen Derivation $\partial\varepsilon_{ip}/\partial X_i$ sich wahrscheinlich im Bereich $0 < \partial\varepsilon_{ip}/\partial X_i < \infty$ befindet, wobei im Punkt $X_i = X_{i,\max}$ $\partial\varepsilon_{ip}/\partial X_i = 0$. Diesen Randbedingungen der Funktion $\varepsilon_{ip} = f_1(X_i)$ entspricht die Gleichung der parabolischen Form

$$\varepsilon_{ip} = \varepsilon_{i\max} \cdot y_{ip} = \varepsilon_{i\max}\left[1 - \left(\frac{X_{i\max} - X_i}{X_{i\max} - X_{i\min}}\right)^n\right], \tag{32}$$

wobei $n = 2, 3, \ldots, N$ ist.

Der Verlauf der Funktion $\varepsilon_{i,p} = f_1(X_i)$ nach der Gleichung (32) für $n = 2, 3$ und 4 ist in der Abbildung 14 dargestellt.

Analog kann man den Verlauf der negativen Wirkung des Vegetationsfaktors, d. h. die Funktion $\varepsilon_{i,n} = f_2(X_i)$, mit Hilfe der Gleichung

$$\varepsilon_{in} = \varepsilon_{i\max} \cdot y_{in} = \varepsilon_{\max}\left[1 - \left(\frac{X_i - X_{i\min}}{X_{i\max} - X_{i\min}}\right)^m\right] \tag{33}$$

ausdrücken, wobei $m = 2, 3, \ldots, N$ und im allgemeinen verschieden von n ist.

Die Verbindung der Gleichung (32) und (33) gibt für die partielle Produktionskurve

$$\varepsilon_i = \varepsilon_{i\max} \cdot y_{ip} \cdot y_{in} = \varepsilon_{\max}\left[1 - \left(\frac{X_{i\max} - X_i}{X_{i\max} - X_{i\min}}\right)^n - \left(\frac{X_i - X_{i\min}}{X_{i\max} - X_{i\min}}\right)^m + \left(\frac{X_{i\max} - X_i}{X_{i\max} - X_{i\min}}\right)^n \cdot \left(\frac{X_i - X_{i\min}}{X_{i\max} - X_{i\min}}\right)^m\right] \tag{34}$$

oder, wenn $n = m$

$$\varepsilon_i = \varepsilon_{i\max}\left[1 - \frac{(X_i - X_{i\min})^n + (X_{i\max} - X_i)^n}{(X_{i\max} - X_{i\min})^n} + \frac{(X_{i\max} - X_i)^n \cdot (X_i - X_{i\min})^n}{(X_{i\max} - X_{i\min})^{2n}}\right]. \tag{35}$$

Der Verlauf der Funktion $\varepsilon_i = F(X_i)$ nach der Gleichung (35) und für $n = 2, 3$ und 4 ist in der Abbildung 15 vorgestellt.

Aus der Gleichung (32) für die partielle Derivation $\partial\varepsilon_{ip}/\partial X_i$ geht hervor:

$$\frac{\partial\varepsilon_{ip}}{\partial X_i} = n \cdot \varepsilon_{i\max}\frac{(X_{i\max} - X_i)^{n-1}}{(X_{i\max} - X_{i\min})^n}, \tag{36}$$

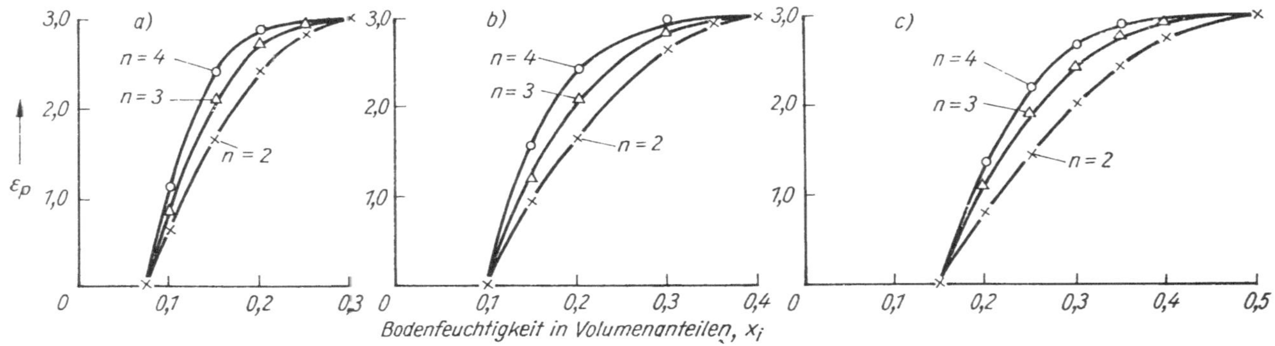

Abb. 14. Allgemeine parabolische Kurven der positiven Zweige der Produktionskurven (nach Gleichung 32) für $n = 2$, 3 und 4, a — leichte, b — mittelschwere, c — schwere Böden

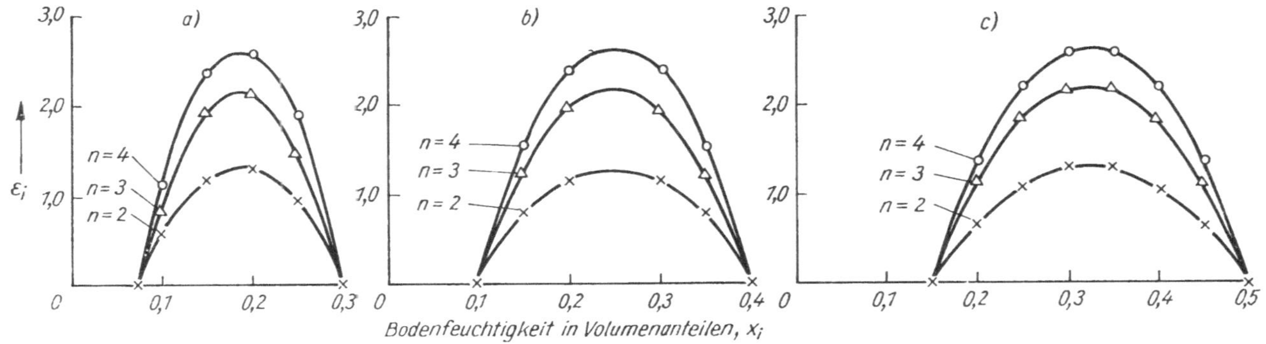

Abb. 15. Allgemeine Verläufe der verdoppelten parabolischen Produktionskurven (Gleichung 34) für $n = 2$, 3 und 4, a — leichte, b — mittelschwere, c — schwere Böden

wobei im Punkte $X_i = X_{i,\min}$

$$\left(\frac{\partial \varepsilon_{ip}}{\partial X_i}\right)_{X_{i\min}} = \frac{n \cdot \varepsilon_{i\max}}{X_{i\max} - X_{i\min}} \tag{37}$$

und im Punkte $X_i = X_{i,\max}$

$$\left(\frac{\partial \varepsilon_{ip}}{\partial X_i}\right)_{X_{i\max}} = 0. \tag{38}$$

Die Abbildung 16 stellt den Zuwachsverlauf der Ausnutzung der Sonnenstrahlung in Abhängigkeit vom Vegetationsfaktor X_i im Umfang $X_{i,\min} \leqq X_i \leqq X_{i\max}$ für $n = 2$, 3 und 4 dar.

Auf Grund der jetzigen Erkenntnisse über den Einfluß der einzelnen Vegetationsfaktoren auf das Wachstum der Pflanzen ist zu erwarten, daß es sich im Falle der Anwendung der parabolischen Funktionen zur Ableitung der partiellen Produktionskurve (Gleichung 34) gewöhnlich um eine Funktion der höheren als zweiten Stufe handeln wird.

Die Frage, ob die Gleichung des exponentiellen (Gleichung 12) oder verdoppelten parabolischen (Gleichung 34) Typs für die mathematische Darstellung der partiellen Produktionskurven zweckmäßiger erscheint, kann erst nach der Präzisierung des Verlaufes dieser Kurven beurteilt werden. Dabei wird der Verlauf im Punkt $X_i = X_{i,\min}$ und $X_i = X_{i,\max}$ eine entscheidende Rolle haben.

Entsprechend den jetzigen Kenntnissen ist es nicht möglich, die angeführte Darstellung der Mitwirkung der Vegetationsfaktoren (Gleichung 16) als ausreichend zu bezeichnen. Das biologische Gesetz des Minimums ist im Modell bei der Mitwirkung der in Betracht genommenen Faktoren so dargestellt, daß der Bruch in der Gleichung 15, berechnet für den Vegetationsfaktor, der im Minimum ist, im Vergleich mit den Werten der anderen Faktoren den Minimalwert erreicht. Nach der Gleichung 16 verringert jeder nicht im Optimum befindliche Vegetationsfaktor das Wachstum der angebauten Pflanzen. Mit Rücksicht auf die Tatsache, daß das Optimum eines beliebigen Vegetationsfaktors auch von der Wirkung der anderen Faktoren abhängt, darf angenommen werden, daß ein Vegetationsfaktor sich erst dann wirkungsvoll auf die Verringerung des Wachstums der Pflanzen erweist, wenn seine Wirkung in dem Produktionssystem der Pflanzen schwächer ist als die Wirkung des Faktors, der bei der Berechnung des Ertragszuwachses als grundlegend gewählt wird, wie z. B. im Vergleich mit der Intensität der Sonnenstrahlung (Abb. 17). Dann gilt für alle Werte der Vegetationsfaktoren X, X_2, X_3, . . ., die sich im Bereich $X'_{1a} \leqq X_1 \leqq X''_{1a}$, $X'_{2a} \leqq X_{2a} \leqq X''_{2a}$, $X'_{3a} \leqq X_{3a} \leqq X''_{3a}$, . . . befinden:

$$\varkappa_1 = \varkappa_2 = \varkappa_3 = \cdots = \frac{\varepsilon_1}{\varepsilon_{1,\mathrm{opt}}} = \frac{\varepsilon_2}{\varepsilon_{2,\mathrm{opt}}} = \frac{\varepsilon_3}{\varepsilon_{3,\mathrm{opt}}} = \cdots = 1, \tag{39}$$

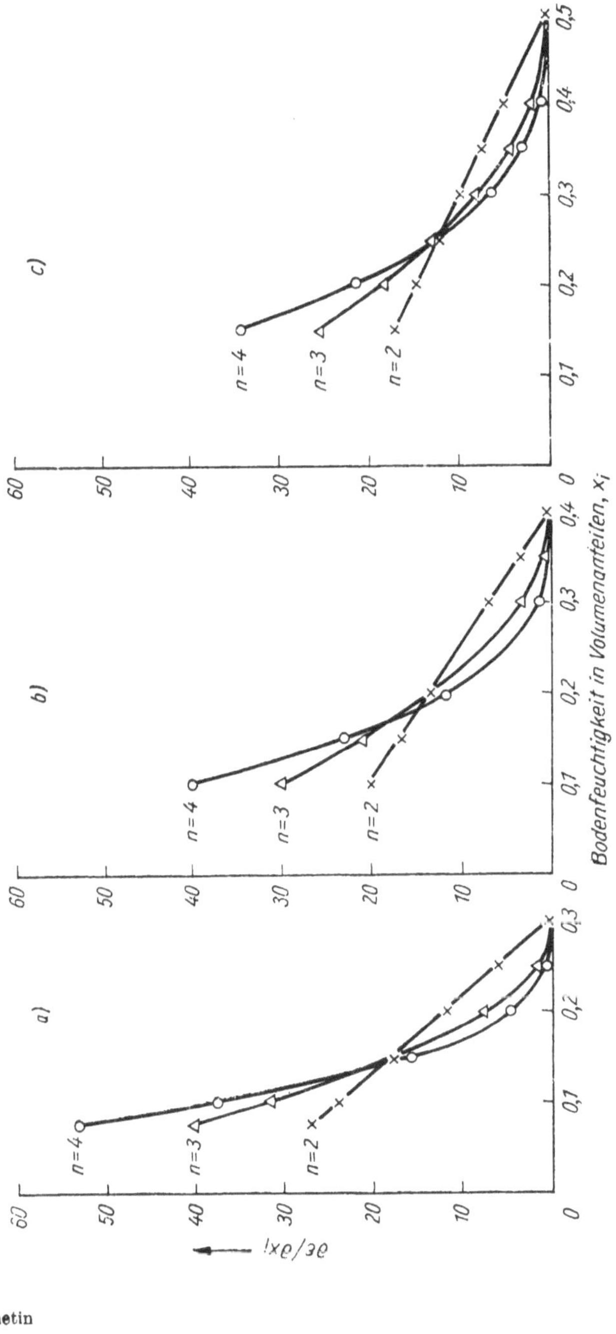

Abb. 16. Allgemeine Verläufe der Geschwindigkeit $(\partial\varepsilon/\partial X_i)$ des Herabsinkens der Ausnutzung von Sonnenstrahlung mit Pflanzen nach Gleichung 36 für $n = 2$, 3 und 4, a — leichte, b — mittelschwere, c — schwere Böden

wobei

X'_{1a}, X''_{1a}, X'_{2a}, X''_{2a}, X'_{3a}, X''_{3a}, ... die Werte der Vegetationsfaktoren X_1, X_2, X_3, ... sind, bei welchen die Ausnutzung der Sonnenstrahlung dieselbe ist wie die Ausnutzung des grundlegenden Faktors, d. h. $\varepsilon_{1a} = \varepsilon_{2a} = \varepsilon_{3a} = \cdots = \varepsilon_{1a}$ (Abb. 18),

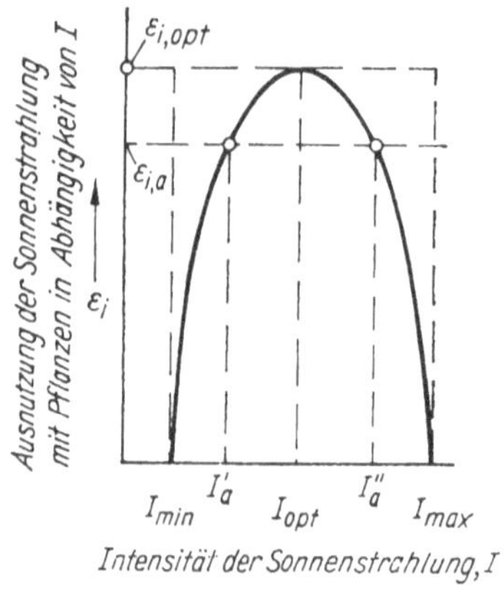

Abb. 17. Grundlegende partielle Produktionskurve

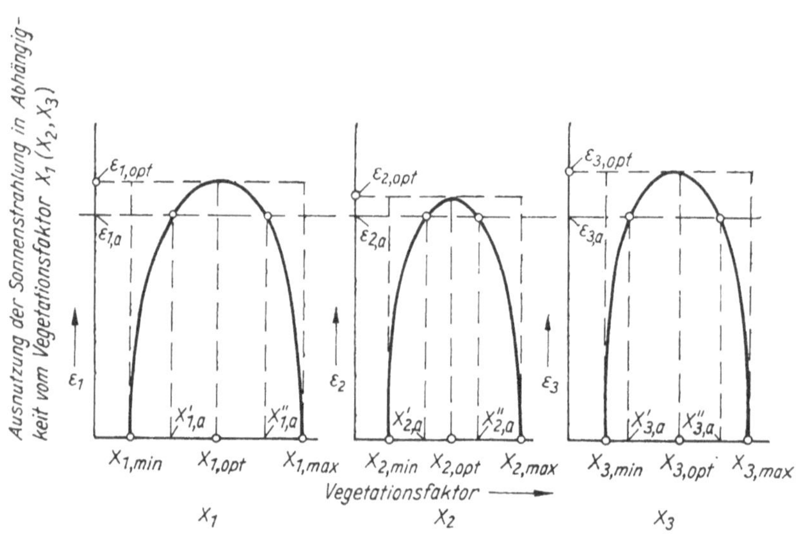

Abb. 18. Graphische Darstellung der Mitwirkung der Vegetationsfaktoren zur Gleichung 39

$\varepsilon_1, \varepsilon_2, \varepsilon_3, \ldots, \varepsilon_{1.\mathrm{opt}}, \varepsilon_{2.\mathrm{opt}}, \varepsilon_{3.\mathrm{opt}}, \ldots$ bedeuten die Ausnutzung der zu den Vegetationsfaktoren $X_1, X_2, X_3, \ldots$ und zu den Optimalwerten dieser Faktoren gehörenden Sonnenstrahlung.

$\varkappa_1, \varkappa_2, \varkappa_3, \ldots$ sind die Wirksamkeiten der Faktoren $X_1, X_2, X_3, \ldots$ in den Produktionssystemen der Pflanzen (berechnet nach der Gleichung 15).

Die Paare der Werte $X'_{1a} - X''_{1a}$, $X'_{2a} - X''_{2a}$, $X'_{3a} - X''_{3a}$, ... werden von den zuständigen Produktionskurven beurteilt (Abb. 18).

In Regionen mit veränderlichen klimatischen Bedingungen kann die Einführung der Gleichung (39) in die Errechnung der Erträge eine höhere Genauigkeit ergeben.

LITERATUR

BENETIN, J., 1979a. Optimálna vlhkosť pôdy vo vzťahu k transpirácii a hustote koreňov (Optimale Bodenfeuchtigkeit in Beziehung zur Transpiration und Dichte der Wurzeln), Poľnohospodárstvo, R. 24, No. 1, SAV, Bratislava.

BENETIN, J., 1979b. Optimálna vlhkosť pre rastliny — Vzťah medzi obsahom vody v pôde, vzdušnosťou a úrodou (Optimale Bodenfeuchtigkeit für Pflanzen — Die Beziehung zwischen dem Wasser — und Luftgehalt im Boden und dem Ernteertrag), Poľnohospodárstvo, R. 25, No. 2, SAV, Bratislava.

BENETIN, J., et al., 1979. Závlahy (Bewässerung), PRÍRODA, Bratislava 544 S.

BOGUSLAWSKI, E. von, 1958. Das Ertragsgesetz. Handbuch der Pflanzenphysiologie Bd. IV., Berlin—Göttingen—Heidelberg.

FEDDES, R. A., KOWALIK, P., ZARADNY, H., 1978. Simulation of field water use and crop yield. Pudoe, Wageningen, 189 S.

IDSO, SH. B., JACKSON, R. D., REGINATO, R. J., 1977. Remote sensing for agricultural water management and crop yield prediction, Agricultural Water Management, 1, S. 299—310.

KOWALIK, P., SANESI, G., 1980, Simulazione della produttivita reale e potenziale del suolo. C.N.R. Centro di studio per la genesi, classificazione e cartografia del Suolo, Publ. Nr. 46, Firenze.

MATI, R., 1980. Sabespetschenosť rastlín vodou na ťažkých pôdach Východoslovenskej nížiny (Die Versorgung der Pflanzen mit Wasser auf den schweren Böden der Ostslowakischen Ebene), Dissertation wissensch. Leit. J. BENETIN, Landwirtschaftliche Hochschule, Nitra.

MITSCHERLICH, E., 1956. Ertragsgesetze. Akademie-Verlag, Berlin.

NERPIN, S. V., et al., 1979. Poluempiritscheskaja model produktivnosti seľskochosjastvennoho polja. Ed. Poluektov P. A. und Koll. 1979, VASCHNIL, Leningrad.

PENMANN, H. L., 1971. Water as a Factor in Productivity. Ed. WAREING, P. F., COOPER, J. P., Potential Crop Production, Heinemann Educ. Books, London, p. 89—99.

PEVNÝ, VL., ŠPÁNIK, FR., 1971. Meteorologizká analysa úrod obilnín (Meteorologische Analyse der Erträge der Halmfrüchte), Schlußbericht, Landwirtschaftliche Hochschule, Nitra.

POLUEKTOV, P. A., TSCHUWASCHINA, N. B., 1979. Teoretitscheskije osnovy i kolitschestvennyje metody programirovanija urožajev, VASCHNIL, Leningrad.

ULRICH, B., 1961. Das Ertragsgesetz in heutiger Sicht. Kali-Briefe, 2. Folge.

Heft 4 Prof. Dr.-Ing. Dr. h. c. KURT SCHWABE, Analytische Probleme des Umweltschutzes
1975. 28 Seiten — 9 Abbildungen — 2 Tabellen — 8° — M 3,50

Heft 5 Prof. Dr. WOLFGANG BUCHHEIM, Die kopernikanische Wende und die Gravitation
1975. 36 Seiten — 2 Farbtafeln — 8° — M 5,—

Heft 6 Prof. Dr. HERMANN BERG, Photopolarographie und Photodynamic
1975. 19 Seiten — 2 Abbildungen — 2 Tabellen — 8° — M 3,—

Heft 7 Prof. Dr. MANFRED GERSCH, Probleme der Insektizide aus heutiger Sicht
1976. 36 Seiten — 9 Abbildungen — 2 Tabellen — 8° — M 4,—

Band 112

Heft 1 Prof. Dr. WALTER BREDNOW, Spiegel, Doppelspiegel und Spiegelungen — eine „wunderliche Symbolik" Goethes
1975. 28 Seiten — 4 Abbildungen — 8° — M 3,—

Heft 2 Prof. Dr. ARTUR LÖSCHE, Über negative absolute Temperaturen. Eine Einführung
1976. 26 Seiten — 12 Abbildungen — 8° — M 4,—

Heft 3 Prof. Dr. med. HERBERT JORDAN, Kurorttherapie: Prinzip und Probleme
1976. 31 Seiten — 10 Abbildungen — 1 Tabelle — 8° — M 4,50

Heft 4 Prof. Dr. FRIEDRICH WOLF / Dr. PETER FRÖHLICH, Zur Druckabhängigkeit von Ionenaustauschreaktionen
1977. 13 Seiten — 6 Abbildungen — 1 Tabelle — 8° — M 2,—

Heft 5 Prof. Dr. DIETRICH UHLMANN, Möglichkeiten und Grenzen einer Regenerierung geschädtiger Ökosysteme
1977. 50 Seiten — 20 Abbildungen — 2 Tabellen — 8° — M 6,50

Heft 6 Prof. Dr. ERICH RAMMLER, Zwei Jahrzehnte Entwicklung des Einsatzes der Energieträger Kohle und Erdöl im Weltmaßstab
1977. 29 Seiten — 6 Abbildungen — 4 Tabellen — 8° — M 4,—

Heft 7 Prof. Dr. ULRICH FREIMUTH, Umweltprobleme in der Ernährung
1977. 32 Seiten — 3 Abbildungen — 4 Tabellen — 8° — M 4,—

Band 113

Heft 1 Prof. Dr. ERICH LANGE, Allgemeingültige Veranschaulichung des II. Hauptsatzes
1978. 22 Seiten — 10 grafische Darstellungen — 8° — M 4,—

Heft 2 Prof. Dr. HERBERT BECKERT, Bemerkungen zur Theorie der Stabilität
1977. 19 Seiten — 8° — M 2,50

Heft 3 Prof. Dr. sc. KLAUS DÖRTER, Probleme und Erfahrungen bei der Entwicklung einer intensiven landwirtschaftlichen Produktion im Landschaftsschutzgebiet des Harzes
1978. 20 Seiten — 6 Abbildungen, davon 4 farbige auf 2 Tafeln — 2 Tabellen — 8° — M 7,—

Heft 4 Prof. Dr. sc. med. HANS DRISCHEL, Elektromagnetische Felder und Lebewesen
1978. 31 Seiten — 14 Abbildungen — 2 Tabellen — 8° — M 5,—

Heft 5 Prof. Dr. MANFRED GERSCH, Wachstum und Wachstumsregulatoren der Krebse. Biologische Erkenntnisse und generelle Erwägungen
1979. 32 Seiten — 13 Abbildungen — 1 Tabelle — 8° — M 6,—

Heft 6 Prof. Dr. rer. nat. FRIEDRICH WOLF / Dr. rer. nat. URSULA KOCH, Über den Einfluß der chemischen Struktur von Dispersionsfarbstoffen auf deren Dispersionsstabilität
1979. 18 Seiten — 3 Abbildungen — 10 Tabellen — 8° — M 3,50

Heft 7 Prof. Dr. rer. nat. FRIEDRICH WOLF / Dr. rer. nat. WOLFGANG HEYER, Zur Sorption an Tetracalciumaluminathydroxysalzen
1980. 12 Seiten — 5 Abbildungen — 4 Tabellen — 8° — M 2,—

Band 114

Heft 1 Prof. Dr. HASSO ESSBACH, Morphologisches zur orthologischen und pathologischen Differenzierung und zum Anpassungs- und Abwehrvermögen der menschlichen Placenta
1980. 19 Seiten — 12 Abbildungen — 8° — M 4,—

Heft 2 Prof. Dr. med. WERNER RIES, Risikofaktoren des Alterns aus klinischer Sicht
1980. 19 Seiten — 9 Abbildungen, davon 1 Abbildung auf Tafel — 8° — M 4,—

Heft 3 Prof. Dr. OTT-HEINRICH KELLER, Anschaulichkeit und Eleganz beim Alexanderschen Dualitätssatz
1980. 19 Seiten — 8° — M 4,—

Heft 4 Prof. Dr. rer. nat. BENNO PARTHIER, Die cytologische Symbiose am Beispiel der Biogenese von Zellorganellen 1981. 29 Seiten — 16 Abbildungen — 2 Tabellen — 8° — M 6,—

Heft 5 Prof. Dr. F. WOLF / Dr. S. ECKERT / Dr. M. WEISE / Dr. S. LINDAU, Untersuchungen zur Synthese und Anwendung bipolarer Ionenaustauschharze 1980. 12 Seiten — 6 Tabellen — 8° — M 2,—

Heft 6 Prof. Dr. med. HERBERT JORDAN, Balneobioklimatologie — Eine Zielstellung im Mensch-Umwelt-Konzept 1981. 25 Seiten — 8 Abbildungen — 1 Tabelle — 8° — M 4,—

Band 115

Heft 1 Prof. Dr. rer. nat. HERMANN BERG, Wilhelm Ostwald — Erkenntnisse über die Biosphäre 1981. 36 Seiten — 7 Abbildungen — 3 Tabellen — 8° — M 6,—

Heft 2 Prof. Dr. sc. KLAUS DÖRTER, Aphorismen zur Qualität des Bewässerungswassers 1981. 32 Seiten — 11 Abbildungen — 11 Tabellen — 8° — M 6,—

Heft 3 Prof. Dr. Ing. Dr. rer. nat. h. c. PAUL GÖRLICH, Die geschichtliche Entwicklung des wissenschaftlichen Gerätebaus und seine zukünftige Bedeutung 1981. 36 Seiten — 8° — M 6,—

Heft 4 Prof. Dr. WOLFGANG BUCHHEIM, Albert Einstein als Wegbereiter nachklassischer Physik 1981. 29 Seiten — 8° — M 4,—

Heft 5 Prof. Dr.-Ing. HERBERT KRUG, Die Technologie der Brikettierung von Weichbraunkohle im Lichte der Verfahrenstechnik und der besseren Nutzung dieses Energieträgers 1982. 20 Seiten — 13 Abbildungen — 8° — M 3,—

Heft 6 Prof. Dr. ERNST NEEF, Der Verlust der Anschaulichkeit in der Geographie und das Problem der Kulturlandschaft 1981. 33 Seiten — 8° — M 5,—

Band 116

Heft 1 Prof. Dr. WERNER RIES, Studium zum biologischen Alter 1982. 27 Seiten — 10 Abbildungen — 8° — M 4,—

Heft 2 Prof. Dr. RUDOLF SACHSENWEGER, Augenunabhängige optosensorische Wahrnehmungsformen 1983. 19 Seiten — 8° — M 4,—

Heft 3 Prof. Dr. HANS-GEORG SCHÖPF, Die Griechen und die Natur 1983. 62 Seiten — 8° — M 8,—

Heft 4 Prof. Dr.-Ing. JÁN BENETIN. Mathematisches Modell für das Wachstum von landwirtschaftlichen Kulturen und seine Verwertung in der quantitativen Beurteilung des Bewässerungseffektes auf die Steigerung der Ernteerträge *Vorliegendes Heft*

Heft 5 Prof. Dr. Hans Drischel †, Neues über die Pupille *In Vorbereitung*

Einzel- oder Fortsetzungsbestellungen durch eine Buchhandlung erbeten

Sitzungsberichte bis Band 108
durch das Zentralantiquariat der Deutschen Demokratischen Republik, Leipzig
ab Band 107 durch den Akademie-Verlag, Berlin, zum Teil noch lieferbar

AKADEMIE-VERLAG

DDR-1086 Berlin, Leipziger Straße 3—4

FSC
www.fsc.org
MIX
Papier | Fördert gute Waldnutzung
FSC® C083411

Zeitfracht Medien GmbH
Ferdinand-Jühlke-Straße 7
99095 Erfurt, Deutschland
produktsicherheit@kolibri360.de